雅緻的素食日常

在家就能完成的163道韓國寺院料理

原味素料理哲學

天然食作・擺盤藝術

韓國素食餐廳「鉢盂供養」創始人

鄭宰德◎著

把寺院飲食帶入日常生活，
在素食中感受身心舒暢

2008年冬天，為了到寺院去學習素食料理，我辭去了六星級飯店韓食料理長的職位，當時很多人都認為我瘋了。那時候，我對於飯店或是韓式定食餐廳所製作的華麗料理感到迷茫，也很想暫時逃離緊湊繁忙的生活，希望以更平和的心製作更質樸的自然飲食。我放下了一切，前往大安師父所在的寺院，在那兒學習僧侶們的生活方式，清晨時隨著他們一同誦經。這樣的生活讓我逐漸放下心中的負擔，復歸平靜。

這段期間所見到的寺院飲食不只是簡單純粹而已，還第一次認識到了「鉢盂供養」的理念，那是一種珍視食物的體現。「鉢盂」是僧侶們盛飯所使用的器具，「供養」是以恭敬的心向上呈奉。不論下廚製作料理是為了供奉或食用，心存恭敬便是佛家「供養」的表現。用餐前，僧侶們都會誦經，感謝所有為這頓飯辛苦付出的人，讚美他們的功德，同時也反省自己要修練心性、自我提升。為了實踐平等、節約，「鉢盂供養」所有食物都是平均分配，而且一點兒都不會剩下。透過這樣的修行，我學習到了寺院飲食蘊含的真意。

寺院飲食崇尚自然，能夠呈現食材的天然風味，體現料理者的心意。

在寺院學習素食料理的期間，我開始「五感並用」，以耳朵聽食物煮熟的聲音，以鼻子嗅聞香氣，以眼睛觀察顏色，以嘴巴品嘗味道，以手觸覺食材。每當有人吃了我所作的素食料理而表示感到身心健康時，我就會有種得遇知音的喜悅。

2008年，我與大安師父一起在首爾仁寺洞經營了一家寺院飲食專門餐廳「鉢盂供養」，開始推廣寺院飲食。2010年在紐約舉辦的「韓國寺院飲食日」活動上，我協助寺院飲食專家們以及僧侶們完成了36道料理，藍眼珠的美食家們無不以Wonderful！Amazing！對我們連連稱讚，那一刻真是令我畢生難忘。從此，我開始認真地關心寺院飲食的大眾化與國際化。透過介紹，我開始在料理雜誌《Super Recipe》上推廣寺院飲食。我試著以讀者的立場設想，並與讀者親密溝通，在與《Super Recipe》的合作之下，團隊開發出了更加大眾化的寺院飲食，一般家庭也能輕鬆製作。出版社Recipe Factory因為欣賞我的這份熱情，決定將連載於雜誌上的一年份食譜集結出書。

編製這本書的過程中，我時時提醒著自己要謹遵僧人們的教誨，在不違背教誨的前提下研發適合家庭的素食食譜；一些寺院飲食中常用而一般人難以取得的材料，我也適度地替換。為了讓那些在餐廳中大量製作的料理，也能在家中少量製作，我和《Super Recipe》團隊一起校正了所有的食譜，務求讀者能依循著步驟操作，且不覺得困難。我不是僧人，卻以廚師的身分，透過寺院飲食而消除了對於食物的偏見，懂得利用食物的天然味道製作料理，幫助身心更加健康。由於親身受益，我希望能更貼近讀者的立場提供一些幫助，願這本書能幫助更多的家庭，願每個人都能身心健康、自在生活。

——寺院飲食研究家 鄭宰德

目次

淡香清甜的

樸風主食

原味呈現的

寺院小菜

暖胃舒心的

燉菜‧鍋物‧湯

天然好味的

元氣點心

基本知識

讓料理更順利的

製作寺院飲食之前，請先掌握食材的計量法和使用方法，
瞭解常用食材的季節性、營養、保養功效、選購與儲藏方法，
對於較少見的食材也請學會調理與照顧。
寺院飲食中經常使用的調味料、醬料、蔬菜高湯等，
也可依循著本書的介紹，學會自己動手製作。

｜使用說明

本書所有食譜的組成架構如下。跟著食譜動手料理之前，請務必詳讀。

★寺院飲食有其獨特性，料理時常使用麥芽糖漿及炒鹽。炒鹽可使用等量的竹鹽代替；麥芽糖漿可使用果糖或寡糖代替。
　炒鹽顆粒較細，竹鹽顆粒較大，可能會造成鹹度差異，可依個人喜好調整。

★用量較少的食材難以準確標示用量，請根據步驟示意圖估量。

★相似種類的菇類和蔬菜類（青椒和紅、黃甜椒等）可根據個人喜好選擇一種即可。

❷ 料理時間‧分量標示‧1人份的標準熱量
標示每一道菜的料理時間與分量。每道菜基本上是
2至3人份，拌菜或泡菜類可預先製作，儲藏備用。
如果想要藉由素食來控制體重，書中也為此特別標
明了1人份的標準熱量。

❶ 料理簡介‧營養資訊‧
美味升級小訣竅
請先掌握這個欄目的基本情
報，料理時會很有幫助。

❸ 食材用量‧可省略或替代的
材料
標明食材的概約用量及精確
用量，讓配方更加實用。也
提供可省略及可替代的食材
建議。

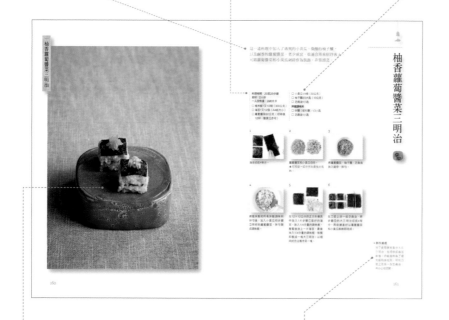

❹ 料理實體照片
藉由圖片向讀者展現了漂亮的擺盤。美麗
的擺盤能讓料理看起來更加高級與美味。

❺ 補充資料
包括料理的應用、注意事項等實用情報。為了一
年四季都可製作料理，提供季節性食材的替代方
案，也提示料理中可能出現的失誤，或是讓食物
更好吃的祕訣，以及製作低辣度醬料的方法，幫
助讀者活用食譜，提高本書的實用價值。

｜吃，是一種文化！

｜寺院飲食是最優質的自然飲食

寺院飲食除了和一般飲食一樣，可為身體帶來營養之外，

還可淨化心靈，幫助心靈成長。

寺院飲食中不使用動物性食品，也不使用「五辛」，

也就是不使用蔥、蒜、韭菜、蕗蕎（薤）、興渠（中國古代稱洋蔥為興渠），

盡量使用季節性的食材。

在「藥食同源」和「陰陽五行」的基礎上使用了許多有藥理作用的食材，

同時遵循食物天然的特性。

寺院飲食也可視為是修行的一種，即「鉢盂供養」的精神體現。

｜有別於一般的素食，寺院飲食能撫慰心靈

素食與一般飲食之間最大的差異在於五辛菜的使用。

寺院飲食不使用五辛菜的原因在於，五辛菜不僅味道強烈，

會蓋過其他食材本身的味道，還會造成腸胃的負擔。

為了能夠隨時攝取不同的營養，

寺院飲食常常會將季節性的食材乾燥、油炸或製成常備菜保存。

｜寺院飲食製程不困難，在家也能簡單料理

寺院飲食不是困難的料理，只要遵循寺院飲食的基本原則，

任何人都能輕鬆作出美味的素食料理。

第一：寺院料理相當多樣化，無論男女老少都很適合，

也很容易與其他種類的料理進行良好的搭配，為餐桌加分。

第二：使用生活中易取得的食材。

部分較難取得的食材會備註購買方式，或可替代的材料。

第三：不使用五辛就能作出好吃的料理。

使用蔬菜高湯以及大醬、辣椒醬等發酵醬料，

也會使用炒鹽、麥芽糖漿等調味料，很少使用人工香料。

第四：寺院飲食最注重節約精神。

準確測量食材，避免浪費，同時應用現代化的調理方法，

盡量保留食物的營養，作出健康的料理。

第五：本書除了介紹寺院飲食中常用食材的營養、保養功效之外，

也提供了挑選、保管和儲存的方式，讀者很容易就能掌握到相關知識。

|經常使用的食材

菇類

菇類富含有特殊香味的麩胺酸，能夠在不使用其他調味料的情況下左右料理的味道。除了有豐富的營養之
外，還帶有特殊的口感與嚼勁──菇類儼然是寺院飲食中的主角！

香菇__春季至秋季
- 乾燥的香菇香氣十足，煮過後香氣更加濃郁，常用於熬煮蔬菜高湯。新鮮香菇常用於燉煮和烘烤。
- 建議挑選大小適中、菌傘寬大、菌褶完整、菌柄飽滿肥短的香菇。
- 以廚房紙巾包裹後放入保鮮袋，置於冷藏室可保存7日。

秀珍菇__秋季至冬季
- 熱量低，含有豐富的膳食纖維和水分，可增加飽足感。屬於低膽固醇的食物，有助於預防成人病。
- 建議挑選菌傘稍帶灰色的秀珍菇，菌褶部位的顏色要潔白，紋路應整齊。
- 以廚房紙巾包裹後放入保鮮袋，置於冷藏室可保存5日。

黑木耳__秋季至冬季
- 黑色，像肉類一般有嚼勁。市面上販售的大多是乾燥黑木耳，需在水中泡發後使用。
- 挑選新鮮黑木耳應注意肉質厚實、厚度均勻，且顏色較深。挑選乾燥黑木耳則要注意沒有裂痕，且須徹底乾燥。
- 乾燥黑木耳存放在通風陰涼處，可在室溫下保存3個月。

珍珠菇__秋季至冬季
- 外表像較小的秀珍菇，含有豐富的維生素及礦物質，有助於降低膽固醇。
- 挑選時應注意菌傘表面有光澤、不覆孢子（白色粉末），且菌柄結合緊密、結實。
- 以廚房紙巾包裹後放入保鮮袋，置於冷藏室可保存5日。

杏鮑菇__秋季至冬季
- 人工栽培的杏鮑菇是野生松茸的替代品，口感像肉類富有彈性。相較於其他菇類含水量較低，可保存較長時間。
- 挑選杏鮑菇時，請留意菌傘與菌柄間的界限要分明，質地應堅實有彈性。
- 以廚房紙巾包裹後放入保鮮袋，置於冷藏室可保存2週。

金針菇__秋季至冬季
- 味道清淡，有微微的香氣，口感有嚼勁。含有大量的膳食纖維，有助於降低膽固醇、預防動脈硬化，同時富有硒與人體必需的胺基酸、維生素等，有助於提升免疫力。
- 建議挑選菌傘小、菌柄整齊的金針菇，根部若呈深褐色請避免購買。
- 以廚房紙巾包裹後放入保鮮袋，置於冷藏室可保存7日。

蘑菇__秋季至冬季
- 價格便宜且營養豐富，有高含量的鉀，在菇類中，蛋白質含量最豐富。富含澱粉酶、蛋白酶、胰蛋白酶等消化酵素，可促進消化。
- 建議挑選潔白無傷痕、菌傘圓滾滾、沒有過度展開、菌柄肥短的蘑菇。
- 以廚房紙巾包裹後放入保鮮袋，置於冷藏室可保存4日。

黃色金針菇__春季至秋季
- 外表和金針菇相似。含有豐富的膳食纖維，有助於促進腸胃蠕動，有效預防便祕。富有膠原蛋白，可防止皮膚老化，同時促進膠原蛋白增生。
- 大部分的黃色金針菇都是包裝銷售，請仔細注意有效期限，選擇組織細密、顏色鮮豔的黃色金針菇。
- 以廚房紙巾包裹後放入保鮮袋，置於冷藏室可保存7日。

根莖類蔬菜

根莖類蔬菜吸收了土壤中大量的養分，有豐富的營養及多樣化的滋味，經常作為主要食材，應用於涼拌、沙拉、燉菜、炒菜、醃漬小菜等。

蓮藕__秋季至冬季

- 蓮藕是蓮花的地下莖，主要成分為碳水化合物，富有維生素C、鉀和膳食纖維。含有澀味的鞣酸（單寧酸），有助於緩和胃炎、胃潰瘍等消化系統發炎症狀。
- 建議挑選外型長而厚實、斷面潔白柔軟、孔洞較小的蓮藕。
- 以廚房紙巾包裹後放入保鮮袋，置於冷藏室可保存7日。

牛蒡__冬季

- 牛蒡中黏稠的成分為木質素，屬於膳食纖維，有助於促進腸道蠕動、減少吸收有害膽固醇、預防動脈硬化。
- 挑選牛蒡時請注意表皮要光滑、沒有劃傷、沒有鬚根或突起，切面要光滑平順。
- 整根未削皮的牛蒡以報紙包裹，若是已削皮洗淨的牛蒡，則切段後放入密封容器，置於冷藏室可保存3至5日。

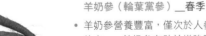

羊奶參（輪葉黨參）__春季

- 羊奶參營養豐富，僅次於人參，被稱為「山中的肉」。羊奶參有助於增強肺部機能、化痰，常作為治療呼吸疾病的藥材。
- 建議挑選表面皺褶淺、大小均勻、鬚根較少、無乾燥枯萎、香氣濃厚的羊奶參。
- 以報紙包裹，置於陰涼處可保存1個月。

桔梗根__春季

- 桔梗根富含膳食纖維、維生素、鈣、鐵等礦物質，其中略帶苦澀的皂素有益於氣管的保健。
- 韓國產的桔梗根比其他產地的桔梗根細短，通常有2至3個分岔，也有較多的小細根。
- 未削皮的桔梗根以報紙包裹，置於陰涼通風處可保存10日。

地瓜__夏季至秋季

- 地瓜有高含量的膳食纖維和維生素，有助於預防便祕、保養肌膚。
- 建議挑選外型勻稱、表面光滑無刮痕、質地堅硬、表皮呈鮮豔紫紅色的地瓜。
- 去除表面的水分後，以2至3張報紙包裹，置於通風陰涼處可保存2週。

山藥__秋季

- 有「山中的鰻魚」之稱，含有豐富的蛋白質、維生素、礦物質等營養素，有助於緩解慢性疲勞、保健身體。山藥所含的黏蛋白能夠保護胃部，促進吸收。
- 建議挑選新鮮、厚重、外表沒有傷痕、切面潔白的山藥。
- 以廚房紙巾包裹後放入保鮮袋，置於冷藏室可保存7日。

馬鈴薯__夏季至秋季

- 馬鈴薯的糖分含量低、味道清淡，富含高質量的蛋白質，對成長中的孩子特別有益。特別的是，馬鈴薯中的維生素被澱粉包裹著，不會在烹煮的過程中因高溫而受到破壞。
- 建議挑選表面光滑、刮痕少、質地堅實厚重的馬鈴薯，若是已發芽或呈綠色則請勿使用。
- 放在紙箱內，置於陰涼通風處可保存2週。

胡蘿蔔__秋季至冬季

- 胡蘿蔔富有維生素及礦物質。胡蘿蔔所含有的β-胡蘿蔔素進入體內會轉化成維生素A，而維生素A能夠阻止活性氧（ROS）破壞人體細胞。
- 建議挑選整體呈現鮮豔橘色、表面光滑、形狀較直、頭部沒有黑邊的胡蘿蔔。
- 以廚房紙巾包裹後放入保鮮袋，置於冷藏室可保存5至7日。

白蘿蔔__秋季至冬季

- 白蘿蔔含有膳食纖維，有助於清除腸道內的陳舊廢物、淨化血液、幫助細胞更有彈性。
- 建議挑選葉子鮮綠、表面漂亮堅實、手感沉重的白蘿蔔，根部尾端的部分以飽滿翠綠者為佳。
- 未清洗的白蘿蔔以報紙包裹，置於陰涼通風處可保存2週。未使用完的部分則以保鮮膜包裹，放入冷藏室可保存7日。

葉菜類

包括在山中生長的野菜，以及一些植物的葉子或嫩芽。韓國許多寺院位於深山之中，十分容易取得這些葉菜類食材，且葉菜的營養豐富，深受素食者喜愛。可製成多樣化的料理，如果乾燥保存，四季都可吃到美味營養的葉菜。

薺菜__春季

- 典型的春季野菜，擁有獨特的香氣，是富含蛋白質和維生素的鹼性食物，有很好的防癌效果。薺菜葉中含有ß-胡蘿蔔素，有助於預防貧血以及抗老化。
- 建議挑選小葉、細莖、纖維較細的薺菜。
- 以廚房紙巾包裹後放入保鮮袋維持濕潤，置於冷藏室可保存3日。

蜂斗菜__春季·秋季

- 在韓國被稱為「土種的香草」，呈鹼性，富含維生素A、B1、B2、鈣等營養素，有助於改善骨質疏鬆。富含纖維質，持續食用可幫助改善便祕。
- 挑選蜂斗菜時，請注意葉子小一些的比較軟嫩，葉片應呈深黃綠色、沒有蟲咬痕跡，莖部細直。
- 以廚房紙巾包裹後放入保鮮袋，置於冷藏室可保存5日。

艾草__春季，3月

- 艾草中散發獨特香氣的桉葉油醇有助於促進消化液的分泌，保護腸胃，幫助消滅體內壞菌。艾草屬於溫性食物，特別適合女性食用。
- 挑選艾草時，請注意葉子正面應呈草綠色、背面銀白色，嫩葉要小而軟，莖要細長而柔軟。
- 以廚房紙巾包裹後放入保鮮袋，置於冷藏室可保存3日。

冬葵__春季至初秋，5月至7月

- 富含鈣、鉀、ß-胡蘿蔔素等營養素，有助於緩解疲勞、恢復元氣。其中高含量的鈣對發育中的兒童、青少年特別有益。冬葵柔軟的葉子和莖可煮湯，或是製成飯糰食用。
- 建議挑選葉子寬大厚實、鮮嫩柔軟、顏色呈深黃綠色的冬葵。
- 以廚房紙巾包裹後放入保鮮袋，置於冷藏室可保存5日。

楤木芽__春季，4月至5月

- 被稱為「山菜中的帝王」，帶有香味及些微的苦澀味。成分中的皂素有助於預防糖尿病，同時有安定神經的功能，幫助緩解不安、焦躁的情緒。
- 挑選楤木芽時應注意芽部要大且軟、葉子不能展開、表面不可過度乾燥。
- 以水均勻噴濕後，取廚房紙巾包裹，置於冷藏室可保存7日。

短果茴芹__春季

- 有獨特的香味，富含ß-胡蘿蔔素，屬於典型的鹼性食物。葉子軟嫩卻富含纖維質，容易消化，有助於改善便祕。
- 建議挑選深綠色、新鮮、沒有蟲咬痕跡的短果茴芹。
- 以廚房紙巾包裹後放入保鮮袋維持濕潤，置於冷藏室可保存3至5日。

東風菜__春季

- 葉子呈心形，屬菊科山野菜，取其嫩葉，營養豐富，略帶苦澀味。性溫，有助於促進血液循環。富含維生素A和鈣，所含的鉀有助於排出體內多餘的鹽分。
- 挑選淡綠色、柔軟且香氣濃郁的東風菜為佳。
- 以廚房紙巾包裹後放入保鮮袋，置於冷藏室可保存2至3日。

菠菜__秋季

- 代表性的綠色蔬菜，富含維生素C，能夠促進鐵質的吸收，預防貧血。因咀嚼後會產生香味及甜味，常被製作成涼拌、沙拉和湯等料理。
- 建議挑選葉子呈鮮綠色、新鮮厚實、長度較短的菠菜。
- 去除水分後，連根一起以廚房紙巾包裹後放入保鮮袋，置於冷藏室可保存3日。

葉菜類大致可依生長環境分為山菜、野菜和人工栽培的葉菜,如果無法明確分類,就統稱為普通葉菜。人工栽培的葉菜類不受季節影響,一年四季都有供給。

春白菜__春季

- 指在冬季時露天生長、菜葉較鬆散開展的白菜。菜葉厚實,較為清甜,咀嚼後更加香甜,適合用於製作飯糰。
- 挑選春白菜時,請注意菜葉要青翠無蟲咬痕跡,菜心顏色要偏黃。
- 放入保鮮袋,置於冷藏室可保存3至5日。

乾蘿蔔葉__秋季

- 由新鮮的蘿蔔葉乾燥而成,富含維生素及礦物質,可補充秋冬兩季不足的維生素。
- 淡青色的乾蘿蔔葉是在通風良好處乾燥的,營養價值很高。仔細挑選沒有蟲的乾蘿蔔葉。
- 置於通風陰涼處可保存3個月。

蘇子葉（紫蘇葉）__夏季

- 富含鈣、鉀等礦物質,可阻止黑色素形成黑斑和雀斑,幫助皮膚美容。
- 太大的蘇子葉口感比較粗硬,香味也比較淡。建議挑選深綠色、表面絨毛平均、葉柄新鮮的蘇子葉。
- 密封以防止水分蒸發,置於冷藏室可保存3日。

黃豆芽__四季

- 黃豆是素食者主要的蛋白質來源,而黃豆芽苗,香氣濃郁,營養價值也很高,可促進消化,富含維生素C,亦含有可幫助解酒的天門冬醯胺。
- 建議挑選莖較粗、鬚根較少、健康無乾枯的黃豆芽。若是頭部軟爛,或夾有黑色斑點,請勿選用。
- 不要清洗,放入冷藏室後盡快食用完畢。

水芹・野生水芹__春季

- 野生水芹口感軟嫩,通常將葉和莖一起作成涼拌菜、沙拉等料理;一般的水芹則主要食用莖的部分。水芹有解毒作用,可用於解宿醉、緩解食物中毒。
- 挑選水芹時,注意葉子要呈現帶光澤的淺綠色,莖要粗、節與節之間的距離要短,且應散發著特有的香味。
- 以廚房紙巾包裹後放入保鮮袋,置於冷藏室可保存7日。

高麗菜__夏季

- 外層綠色的菜葉富含維生素A,裡層偏白色的菜葉富含維生素C。含有抗潰瘍成分的維生素U,和蛋白質結合後能幫助保護損傷的胃壁、強化細胞。
- 建議挑選沉重、外型飽滿、外層葉子色澤鮮綠的高麗菜。
- 剝掉最外層的兩、三片菜葉,以保鮮膜包裹後置於冷藏室可保存7日。

蕨菜__春季

- 富有膳食纖維,可促進排便,含有豐富的鈣,可幫助預防血液酸化,同時有提神醒腦的功用。
- 韓國產的蕨菜莖的部分較細短,葉子比較多。建議挑選稍微帶有褐色、絨毛少、散發特有香氣的蕨菜。
- 以水煮過後放入密閉的容器,注水浸泡,置於冷藏室可保存5日。保存期間要換水。

青花菜__秋季

- 青花菜所含的維生素C是檸檬的兩倍,豐富的β-胡蘿蔔素可增加皮膚和黏膜的抵抗力,幫助預防感冒。
- 建議挑選色澤呈深綠色、抓起來厚實新鮮、中間部分凸起的青花菜。
- 放入保鮮袋中置於冷藏室可保存5日。

果實類蔬菜

這類蔬菜大部分是在適當的地區、氣候、土壤中由人工栽培而成,幾乎四季都能輕鬆取得,富含碳水化合物、膳食纖維、維生素、礦物質等營養素。

櫛瓜__夏季

- 富含水分,適合在夏天食用,比起其他瓜類更容易被人體消化,有助於緩解腸胃疾病。瓜籽中含有的卵磷脂能夠促進頭腦開發、預防癡呆。
- 建議挑選呈青綠色、有光澤的櫛瓜。不要只看大小,手感沉重的櫛瓜更加新鮮。
- 以廚房紙巾包裹後置於冷藏室可保存7日。

甜椒__春季至夏季

- 青椒的改良品種,比青椒稍大,果肉厚實柔軟,沒有辣嗆味,富含鈣、鐵、生育酚、維生素等,有助於美肌、預防骨質疏鬆。
- 建議挑選形狀飽滿無變形、顏色鮮明、表面有光澤的甜椒。
- 放入保鮮袋中置於冷藏室可保存5日。

小黃瓜__夏季

- 小黃瓜性寒且水分含量高,有助於在炎熱的夏天緩解口渴。特別的香氣和清爽的味道能帶來清新口氣。
- 建議挑選深綠色、帶刺、富有彈性和光澤、粗細均勻、瓜蒂無乾枯的小黃瓜。
- 一條一條分別以廚房紙巾包裹後放入保鮮袋,置於冷藏室中可保存7日。

南瓜__秋季

- 含有β-胡蘿蔔素,有助於抗癌、抗老化,豐富的膳食纖維能夠促進腸胃健康,也能增加飽足感。
- 建議挑選深綠色、結實有重量感、底部偏黃、沒有傷痕的南瓜。
- 置於通風良好處可保存15日。

茄子__夏季

- 典型的高水分含量蔬菜,紫色的皮含有花青素,有助於預防心臟疾病及腦中風。
- 建議挑選表皮深紫色、有光澤、有彈性的茄子。如果蒂頭多刺,代表茄子籽比較多,風味較差。
- 可在常溫保存2日。以廚房紙巾包裹,可於冷藏室中再保存3日。

櫛瓜乾__四季

- 由櫛瓜切片乾燥而成。乾燥過程中去除了水分,濃縮了營養,含有豐富的維生素D。通常會以水浸泡後作成涼拌料理。
- 建議挑選徹底乾燥的櫛瓜乾。經長時間曝曬的櫛瓜乾表面顏色深,營養較為豐富。
- 因為已經乾燥處理,密封的狀態下可保存6個月。

辣椒__夏季

- 含有辣椒素,可促進胃液的分泌,幫助吸收蛋白質,也能加速新陳代謝,幫助減肥。
- 建議挑選皮厚籽少、有彈性、表面光滑的辣椒。
- 以廚房紙巾包裹後放入密閉容器,置於冷藏室可保存5日。

豆類・堅果類・海藻類

豆類和豆製品是素食者重要的蛋白質來源，而含有不飽和脂肪酸的堅果和味道鮮美的昆布、海帶等，則扮演著均衡營養、增添風味的重要角色。

黃豆（大豆）__秋季

- 黃豆是素食者重要的蛋白質和脂肪來源。黃豆約40%為蛋白質，含有許多動物性蛋白質中沒有的優良胺基酸，可構成不飽和脂肪酸，對身體有益。
- 建議挑選表皮較薄、顏色偏黃、有光澤的黃豆。
- 置於通風良好處可保存3個月。

銀杏__秋季

- 富含維生素E，有助於止咳化痰，對氣管有益。單次食用過量容易引起頭痛、發燒、過敏等症狀，請務必小心。
- 建議挑選較大顆、乾淨、帶著特有香味的銀杏。
- 處理過後放入密閉容器，置於冷藏室可保存15至20日。

蘇子__四季

- 蘇子分為帶殼和去殼兩種。蘇子炒過後研磨製成蘇子粉，也分為帶殼和去殼兩種，帶殼的蘇子粉顆粒較粗，但味道更香。
- 建議挑選顆粒較大、鮮褐色、有光澤的帶殼蘇子。
- 放入保鮮袋置於冷藏室可保存2個月。

松子__秋季

- 含有豐富的維生素B和亞麻油酸等不飽和脂肪酸，有助於緩和肺部與氣管的不適，幫助止咳化痰，也能促使皮膚煥發健康光澤。
- 建議挑選裂口較多、香味濃郁的松子。
- 置於陰涼處，或放入密閉容器中後置於冷藏室中，可保存1個月。

栗子__秋季至冬季

- 營養素均衡，是唯一含有維生素C的堅果，其中所含的維生素D能夠增強免疫力、促進鈣質吸收，維生素B1則能幫助維持良好精神狀態。
- 建議挑選大顆、紮實、外殼有光澤、呈現褐色的栗子。若是處理過後的栗子則要注意是否有長蟲或變質。
- 放入保鮮袋置於冷藏室可保存1個月。

乾紅棗__四季

- 含有皂素、葡萄糖、果糖等36種不同的營養素，有助於淨化血液，幫助身體暖和、安定神經、排毒等。
- 建議挑選皺褶較少、外皮鮮紅、果肉嫩黃的乾紅棗。
- 置於涼爽乾燥處，或放入密閉容器置於冷藏室，可保存3個月。

核桃__秋季

- 能夠幫助清除身體中的老舊廢物，延緩老化。含有豐富的不飽和脂肪酸，幫助促進心臟健康。
- 建議挑選手感厚重、外殼完整、沒有蟲蛀痕跡的核桃。
- 帶殼的核桃放入密閉容器，置於冷藏室可保存3個月，去殼的則可在冷藏室保存1個月。

乾海帶__四季

- 含有鈣與鎂，能夠幫助強化骨質，亦富含纖維質，能夠促進排便，加速排出腸內的有害物質，也能促進分泌甲狀腺素。
- 建議挑選黑色、表面略帶光澤、手感厚重的乾海帶。
- 放入密閉容器，置於冷藏室可保存3個月，或置於通風陰涼處可保存1個月。

烹飪前的食材處理

為了讓料理的過程更順利，請先熟悉各類蔬菜的事前處理方式。
本單元也介紹了一些處理方式比較繁複且不常見的食材。

短果茴芹·蜂斗菜
·防風草

1 摘除短果茴芹爛掉的葉子，切掉較粗的莖，洗淨後瀝乾。

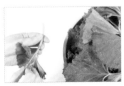

2 折去蜂斗菜尾端較硬的部分，撕除較粗的纖維，洗淨後瀝乾。

3 去除防風草乾枯的葉子，切掉較粗的莖，洗淨後瀝乾。

薺菜

1 摘除爛掉的葉子。

2 以小刀刮除根部殘留的泥土，將薺菜浸泡在水中，輕輕搖晃2至3次洗淨。

3 根部如果較粗，可將一株薺菜分切成2至3等分。

楤木芽

1 將綠色莖和枝幹之間的薄皮去除。
★楤木芽表面有刺，請務必帶上棉質手套操作。

2 以刀背去除莖上的刺。

3 去除枝幹，注意不要讓葉子散落。

冬葵

1 去除較硬的莖。

2 撕除像線一樣的粗纖維，將較嫩的莖和葉洗淨。

菠菜

1 摘除爛葉，將根切除。

2 將菠菜浸泡在水中，輕輕搖晃2至3次，洗淨後瀝乾水分。

3 如果莖的根部較粗，可在根部劃十字，切成2至4等分。

山藥

1 先將殘留的泥土洗淨，削皮後再以流水清洗1次。
★建議戴上料理手套處理。

2 去除水分後以刨絲器或食物調理機切成細絲。
★步驟①時可保留一些末端的皮，刨絲時便於抓握，比較不會滑手。

3 也可依用途而切成大塊，以水浸泡，使用之前再取出，以防褐變。

桔梗根

1 洗淨後持刀以旋轉的方式去皮。
★如果購買的是已去皮的桔梗根，則省略此步驟。

2 依需求切成適當大小。

3 取鹽用力搓揉，再以冷水沖洗，或以煮沸的鹽水燙30秒去除苦味。

羊奶參

1 持刀以旋轉的方式削皮。
★羊奶參會滲出黏液，建議戴著料理手套操作。
★如果購買的是已去皮的羊奶參，則省略此步驟。

2 以鹽水浸泡10分鐘以上，去除苦味。

3 較大的羊奶參可先豎切成兩半，再置於砧板上敲扁或壓扁。

烹飪前的食材處理

蓮藕

1 以流水洗淨表皮殘留的泥土，削皮。

2 去掉頭尾後，依需求切成適當大小。

3 以醋水浸泡，要使用之前再取出，以防褐變。

牛蒡

1 以刀背去皮，再以流水洗淨。

2 依需求切成適當大小。

3 以醋水浸泡，要使用之前再取出，以防褐變，同時也可去除麻味。

乾東風菜
（50公克，浸泡後
250公克）

1 將50公克的乾東風菜浸泡在10杯水中，浸泡6小時以上，再以水沖洗，直至水變清澈。

2 取出步驟①的東風菜，放入裝有8杯水量的鍋子中，大火煮滾後轉中火，續煮25分鐘即熄火。

3 撈出步驟②的東風菜，以冷水沖洗2至3次，再浸泡於冷水中30分鐘。剪掉莖較硬的部分，並擠乾水分。

蕨菜乾
（30公克，浸泡後
210公克）

1 洗淨後，將30公克的蕨菜乾放入裝有5杯水量的鍋子中，大火煮滾後轉小火，煮20至30分鐘即熄火。

2 撈出步驟①的蕨菜，以冷水沖洗2至3次，再浸泡在冷水中6至12小時，去除異味。

3 最後摘除較硬的部分，並擠乾水分。

乾蘿蔔葉 （50公克，浸泡後 250公克）		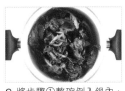	
	1 以流水洗淨，放在大碗中，注入熱水浸泡6小時。	2 將步驟①整碗倒入鍋內，加入10杯水，以大火煮沸。煮滾後蓋上鍋蓋，煮30至40分鐘，熄火後靜置12至24小時。	3 撈出步驟②的蘿蔔葉，以冷水沖洗2至3次，除去表面的粗纖維，並擠乾水分。
乾香菇&乾黑木耳			
	1 乾香菇以水浸泡20分鐘。乾黑木耳以水浸泡10分鐘。 ★如果以糖水浸泡，因滲透壓的現象，浸泡時間可減半。	2 以手搓洗黑木耳，將髒污洗淨後擠乾水分。	3 取棉布或廚房紙巾擦乾香菇，去除菌柄。
櫛瓜 （小黃瓜、茄子、 白蘿蔔等亦同）			
	1 依需求切成適當大小。	2 以鹽醃漬10分鐘。	3 利用廚房紙巾吸乾水分。
豆漿DIY			
	1 取1杯黃豆洗淨，以3杯水浸泡至少6小時。	2 泡過的黃豆以手搓揉去皮，放入鍋中並加入4杯水，以大火煮15至20分鐘。	3 步驟②散發出豆香味後即熄火，並將黃豆倒入果汁機，加適量的水（或根據食譜調整加蔬菜高湯）打勻即完成。

| 烹飪前的食材處理

黃豆芽

1 將黃豆芽（2把，100公克）放在盆中以水浸泡，去殼後以流水洗淨。

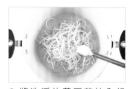

2 將洗淨的黃豆芽放入鍋中，加入1杯水和1/2小匙的鹽攪拌均勻。

3 蓋上鍋蓋，以大火煮至冒蒸氣後再煮3分鐘，熄火後撈出瀝乾放涼。

青花菜

1 分切花冠，每一朵小花冠直徑約2公分。

2 將步驟①的青花菜放入已沸騰的鹽水（水5杯＋鹽1大匙）中，煮1分鐘即熄火。

3 撈出步驟②的青花菜，泡入冷水中冷卻，最後再瀝乾水分。

馬鈴薯

1 馬鈴薯（1個）洗淨後削皮。

2 依需求切成適當大小。

3 以水浸泡5至10分鐘後撈出瀝乾。

馬鈴薯團

1 馬鈴薯洗淨、削皮後，以磨泥器或食物調理機磨碎。

2 以棉布包裹步驟①的馬鈴薯泥，擠出水分。擠出的水請以乾淨的容器盛裝，靜置20分鐘，讓水中的澱粉沉澱。

3 步驟②容器中的澱粉沉澱後倒掉水分，將澱粉加入馬鈴薯泥中，再加入少許鹽搓揉成團。

小黃瓜&櫛瓜
螺旋薄片DIY

1 取刀去除小黃瓜表皮上的刺，再以流水洗淨；櫛瓜則是直接以流水洗淨。

2 依所需的長度，將瓜條均勻切成數段，接著刀刃縱向切入表皮。刀刃盡量切到整段小黃瓜或櫛瓜。

3 一邊輕輕上下移動刀面，一邊旋轉瓜身，將小黃瓜或櫛瓜逐圈逐層地削成薄片，直到削到中間的瓜籽部位為止。

南瓜

1 將表皮洗淨後剖成兩半，以湯匙挖去中間的籽。

2 表皮朝外放在盤中，包上保鮮膜放入微波爐（700瓦）微波2至3分鐘。

3 取出步驟②的南瓜，切面向下置於砧板上，以手按住避免移動，利用刀子薄薄地切下一層皮。

辣椒去籽

1 洗淨後縱向對切成兩半。

2 以湯匙去除中間的籽，再依需求切成不同形狀。

泡發乾海帶

1 乾海帶（1/4杯）以冷水（2杯）浸泡10分鐘。

2 在水中多次搓洗海帶，直至沒有泡沫為止。

| 烹飪前的食材處理

壓碎豆腐

1 以刀面將豆腐壓碎。

2 壓碎的豆腐以濕棉布包裹，也可放入滷包袋中，擠出水分。

煮素麵

1 在鍋子中盛水（6杯），水滾後放入素麵（2把，160公克），以中火煮3分30秒，水一沸騰立刻分兩次加入1/2杯的冷水。

2 麵煮好後迅速撈起放入冷水中浸泡，以手輕拌，洗去素麵表面的澱粉，最後撈出瀝乾。

消毒檸檬皮

1 檸檬表皮洗淨後，在表皮上均勻撒上小蘇打和鹽，以手搓揉後靜置10分鐘。

2 步驟①的檸檬放入滾水中，煮20秒後以冷水沖洗。

處理廢棄的油

1 空牛奶盒剪去上半部，放入半張報紙揉成的紙團，然後倒入廢油。接著再放入紙團，再倒入廢油。

2 可視需要分次放入更多的紙團，等廢油都被紙團吸收後，取膠帶將牛奶盒封口，作為一般垃圾丟棄。

食材的基本切法

介紹寺院飲食常用食材的基本切法，
每種切法都可參照附圖進行確認。

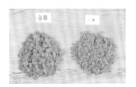

切小丁・切末
左：切小丁（0.5公分見方，約
葵花籽大小）。
右：切末（0.3公分見方，約米
粒大小）。

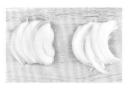

切條・切絲
左：切條（0.5公分寬）
右：切絲（0.2至0.3公分寬）

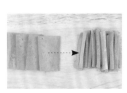

切條（白蘿蔔或胡蘿蔔）
將食材先切片，再切成長
條。請注意，如果按照食材
原本的形狀先切成圓片，切
出來的細條會長短不一，比
較不整齊。

斜切
將食材斜切成厚0.3公分的薄
片。

切圈
將食材切成厚0.3公分的小
圈。

切片
將食材正切成厚0.3公分的薄
片。

切塊
將食材先切成厚2至2.5公分
的圓片，再切成邊長2至2.5
公分的正方體。

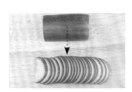

切成半圓
將食材縱向對切成兩半後再
切片。

切成厚度一致的圓片
依需求，將食材切成厚度一
致的圓片。

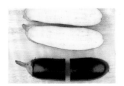

切成兩半
上：縱向對切
下：橫向對切

按照食材形狀切片
杏鮑菇或香菇去除菌柄後，
按照形狀切片。

切成扇形（銀杏葉形狀）
馬鈴薯、白蘿蔔：縱向十字切
開後，再依想要的厚度切片。
櫛瓜：先縱向對切，再橫向
對切，切成四等分後再依想
要的厚度切片。

增添飲食風味的實用調味料

寺院飲食非常重視食材的原味，所以使用的調味料並不複雜。

通常以醬油、辣椒醬、大醬等發酵調味料為基底，適當地加入醋、鹽、麥芽糖漿、柚子釀等製成多樣化的調味料。

★ 本書中所使用的發酵調味料皆為市售的調味料，如果使用自製的大醬、辣椒醬、醬油，則需要依照喜好視情況調整用量。

★ 炒鹽可以等量的竹鹽代替，如果想以雪花鹽代替，因雪花鹽的鹹度較低，要視情況多加一些；麥芽糖漿則可選用果糖或寡糖來代替。

辣椒粉

可用於增加料理的辣味、改變料理的顏色，常搭配醬油、醋等調味料。寺院飲食中製作常備菜時，辣椒粉和醬油有防腐的作用。

炒鹽／竹鹽

炒鹽是天日鹽（日曬鹽）在400℃以上的高溫下烘烤而成。高溫加熱不但可去除對人體有害的物質，還可去除鹵水的成分，使味道更加滑順。竹鹽是將天日鹽放入竹筒中，以高溫燒製九次而成。

醬油

韓國的醬油主要分為兩種。「湯用醬油」用於湯、鍋物、拌菜，「釀造醬油」用於燉菜、炒菜。醬油有獨特的香味，可用於調整料理的鹹淡和顏色，增添料理風味。

麥芽糖漿

韓式麥芽糖漿由穀物粉和麥芽熬製而成，含有豐富的礦物質，且糖度低、富有光澤。微甜的滋味讓料理嚐起來更加滑潤，隱隱透出的甜味讓料理更有層次。

大醬

大醬的主原料是黃豆，是寺院飲食中重要的蛋白質來源。大醬在發酵過程中會產生酵素、胺基酸、糖類、有機酸等，這些成分能夠增加食物的甜味和鮮味。主要用於湯、鍋物、飯糰、拌菜，可增加清淡食材的風味。

辣椒醬

韓式辣椒醬是在糯米粉或大麥飯中加入麵粉、辣椒粉、發酵黃豆粉、鹽、糖漿發酵而成，混合著辣味、鹹味、甜味以及豆子的香醇味，味道獨特。

蘇子粉

將蘇子炒熟後磨製而成，富含亞麻油酸、Omega3以及不飽和脂肪酸，主要用於拌菜、湯、蒸菜。如果蘇子帶殼直接研磨成粉，風味更佳。

芝麻油

將芝麻炒熟後榨取而成，對於使用植物油的寺院飲食而言，芝麻油是增加料理香氣的重要調味料。

蘇子油

將蘇子炒熟後榨取而成，香味特別醇厚。常塗抹在海苔上食用，或用於涼拌菜。不飽和脂肪酸的含量高，較容易酸敗，建議放在密閉容器中並置於冷藏室保存。

醋

醋不但可為料理增添酸味，還有殺菌的效果，有助於延長料理的保存時間。醋可以防止蔬菜中所含的酵素產生褐變，還能夠中和鹽的鹹味，讓料理的味道更加柔和。

白芝麻

稍微炒熟後使用，富含香氣，味道醇厚。主要用於燉菜、拌菜，或是直接撒在料理上。白芝麻磨成粉後再加一點鹽，就能製作成芝麻鹽。

柚子釀&梅釀

「果釀」是將水果去籽後，使用與果肉等量的砂糖層層覆蓋發酵而成，可泡茶喝，加入食物中能夠增加甜味，而且還帶有果香，是很好的甜味劑。也可使用市售的柚子醬代替。

襯托食物原味的美味醬汁

寺院飲食的醬汁以清淡、清爽、不刺激為特點，能夠在料理中凸顯食物原味。

柚子芝麻醬 ★P.41
適合搭配稍帶苦澀味的蔬菜沙拉。
● 將以下材料混合均勻：砂糖3又1/2大匙、白芝麻1大匙、蘇子粉4大匙、醋4又1/2大匙、柚子釀1大匙、炒鹽（竹鹽）1小匙。

蔬菜美乃滋 ★P.40
清淡香醇的美乃滋適合加在沙拉或炸物上食用。
● 將以下材料放入食物調理機混合均勻：壓碎的豆腐（小盒板豆腐）1/4盒、芹菜15公分（25公克）、花生1又1/2大匙（15公克）、豆漿2又1/2大匙、橄欖油1/2大匙、炒鹽（竹鹽）1/4至1/2小匙。

芥末梨子醬 ★P.37
味道微辣、微酸，很適合搭配根莖類和口感清脆的蔬菜。
● 將以下材料混合均勻：切碎的梨子80公克、砂糖1大匙、醋2大匙、檸檬汁3大匙（1/2個檸檬）、炒鹽（竹鹽）1/2小匙、芥末醬1小匙。

優格醬 ★P.43
酸酸甜甜的滋味適合各種沙拉。
● 將以下材料混合均勻：原味優格85公克、蔬菜美乃滋2又1/2大匙（40公克）。

韓式湯用醬油拌飯醬 ★P.134
適合搭配以野菜與蔬菜製成的營養飯。
● 將以下材料混合均勻：砂糖1大匙、韓式湯用醬油2大匙、水2大匙、芝麻油1大匙、白芝麻1小匙。

韓式釀造醬油拌飯醬 ★P.139
適合味道清淡的拌飯、營養飯等。
● 將以下材料混合均勻：砂糖1/2大匙、韓式釀造醬油1大匙、水1大匙、芝麻油1/2大匙、白芝麻1小匙、辣椒粉1/2小匙（可省略）。

百搭煎餅沾醬 ★P.225
這款醬料適合搭配各種煎餅食用，可依照喜好加入辣椒粉或辣椒末。
● 將以下材料混合均勻：醋1大匙、韓式釀造醬油1大匙、水1大匙、砂糖1小匙。

梅子辣椒醬 ★P.47
隱隱透出梅子香的辣醬，適合沙拉、壽司、菇類冷盤等料理。
● 將以下材料混合均勻：砂糖2大匙、醋2大匙、梅釀1大匙、辣椒醬2大匙。

柚子大醬 ★P.57
在大醬中加入了微酸的柚子和梨子，味道柔和，適合油炸、燉煮的料理。
● 將以下材料混合均勻：切碎的梨子30公克、醋3大匙、柚子釀3又1/2大匙、大醬3大匙、炒鹽（竹鹽）少許。

柿子醬 ★P.50
有柿子香的甜味醬料，適合用於飯糰、燉菜，也可作為沙拉醬。
● 將以下材料混合均勻：壓碎的柿子1個（140公克）、醋1大匙、蜂蜜2小匙。

堅果包飯醬 ★P.154
加入堅果類製作的香醇包飯醬，適合用於飯糰和燉煮類的料理。
● 將以下材料混合均勻：大醬1大匙、磨碎的堅果1小匙、辣椒醬1小匙、蘇子油1/2小匙。

杏鮑菇調味大醬 ★P.155
味道清淡的調味大醬。
● 1. 先將以下材料切末後在熱鍋中炒1分30秒：杏鮑菇1/3個、馬鈴薯1/10顆、櫛瓜1/4條、青辣椒1/2根、紅辣椒1/2根。2. 加入水1/2杯、大醬5大匙，持續炒4分鐘後熄火即完成。

讓料理變好吃的蔬菜高湯

海帶和香菇富含能散發出第五味——鮮味的麩胺酸，是製作蔬菜高湯時不可缺少的食材。
一次製作大量的蔬菜高湯後，將海帶、香菇撈出，分別冷藏或冷凍保存，可製作成許多不同的料理。

蔬菜高湯製作方法

香菇和海帶的用量要依據所製作的高湯分量而增減，
但無論多寡，製作過程和熬煮時間皆相同。

材料

製作1/2杯（100毫升）高湯
☐水1又1/2杯（300毫升）
☐乾香菇1朵
☐海帶5×5公分，1片

製作1杯（200毫升）高湯
☐水2杯（400毫升）
☐乾香菇1朵
☐海帶5×5公分，1片

製作2杯（400毫升）高湯
☐水3杯（600毫升）
☐乾香菇2朵
☐海帶5×5公分，1片

製作6杯（1200毫升）高湯
☐水7杯（1400毫升）
☐乾香菇3朵
☐海帶5×5公分，3片

製作方法

1 將水倒入鍋中，加入
泡發後的香菇和海帶
以大火熬煮，煮滾後
將海帶撈出。

2 轉小火再煮10分鐘後
熄火，撈出香菇。

★ 蔬菜高湯在10分鐘的熬煮過程中會減少1杯（200
毫升）的水量，所以一開始要加入比需要的總量多1杯
（200毫升）的水。如果熬煮時間過長造成水量不足，請
依不足量添水。
★ 食譜中所需的蔬菜高湯如果低於1/2杯，也可直接以水
代替。

蔬菜高湯和香菇、海帶的保存方法

1 **冷藏保存**
將蔬菜高湯放入密閉容器中，
置於冷藏室中可保存7日。

2 **冷凍保存**
將2杯（400毫升）的蔬菜高湯
放入保鮮袋中，置於冷凍室可
保存1個月。記得在袋上標示製
作的日期。要使用時提前1至2
小時於室溫下解凍即可。

3 **保存香菇和海帶**
皆切成寬0.5公分的長條，放在
保鮮袋或保鮮膜上，再覆蓋一
層保鮮袋或保鮮膜，放入夾鏈
袋中置於冷凍室可保存7日。記
得在袋上標示製作的日期。要
使用時提前30分鐘於室溫下解
凍即可。

★ **香菇&海帶的活用食譜**
香菇
• 鮮菇豆芽沙拉 P.44
• 水芹牛蒡沙拉 P.46
• 夾心豆腐 P.56
• 櫛瓜四方餃 P.92
• 白菜捲 P.93
• 雙味煎香菇 P.122
• 炸地瓜雜菜海苔捲 P.126
• 牛蒡香菇飯 P.137
• 醬菜拌飯 P.148
• 豆腐蘿蔔乾海苔飯捲 P.158
海帶
• 醬煮花生海帶 P.216

營養飯&粥的製作方法

本書介紹的營養飯都是將生米放到鍋子裡，以直火炊煮，但也可使用電子鍋、壓力鍋或砂鍋。
煮粥時如果不想從生米開始煮，想以白飯直接烹調，請注意要調整蔬菜高湯的用量和烹煮的時間。

直火之外的營養飯製作方法

洗米、浸泡

1 洗米時如果用力搓洗會使養分流失，應以手輕輕抓握、揉搓，快速地淘洗三遍即可。第一次沖洗的水要快速倒掉，避免米糠的味道被水帶走。

2 為了讓米充分吸收水分，以冷水浸泡30分鐘至1小時左右後再瀝乾。
★糙米、雜糧請依食譜指示的時間浸泡。

3 營養飯的製作除了米，還需要加入其他食材，各食材請依食譜的提示處理。

使用電子鍋

1 在電子鍋中放入泡過的米和等量的水，接著加入其他食材，蓋上鍋蓋，按下炊飯鍵。

2 炊飯完成後再燜5分鐘。
★有些食材不必一起煮，只要燜一下即可，這些食材請在步驟②結束後放入，蓋上鍋蓋燜5分鐘。

使用砂鍋

使用砂鍋直火炊飯，方法與書中各種營養飯食譜介紹的相同，在此不贅述。

使用壓力鍋

1 在壓力鍋中放入泡過的米和等量的水，接著加入其他食材，蓋上鍋蓋，開大火。

2 當壓力閥跳起並發出「喊咯喊咯」的聲音時，請轉小火，煮8分鐘後熄火，燜至鍋體不再冒出蒸氣為止。
★有些食材不必一起煮，只需要燜一下即可，這些食材請在步驟②結束後放入，拌勻鍋內物後再次蓋上鍋蓋，燜5分鐘。

★ 書中介紹的營養飯

- 薺菜飯 P.132
- 山藥飯 P.136
- 牛蒡香菇飯 P.137
- 乾蘿蔔葉大醬飯 P.140
- 東風菜飯 P.141
- 蔬菜小飯糰 ×3 P.152
- 豆腐鮮菇飯糰 P.156
- 桔梗根小飯糰 P.164

以白飯直接煮粥

薺菜粥_P.169

直接以糙米飯代替糙米，把3/4碗（150公克）飯放入食物調理機中，攪打成原本體積的1/3。省略步驟①、步驟④，在步驟⑥的時候多煮10至12分鐘，直至粥呈濃稠狀。其他步驟不變。

艾草粥_P.168

直接以糙米飯代替糙米，把3/4碗（150公克）飯放入食物調理機中，攪打成原本體積的1/3。省略步驟①浸泡的部分，蔬菜高湯改為4杯，步驟③以小火煮的時間改為15分鐘，其他步驟不變。

泡菜粥_P.169

準備1碗飯（150公克）、蔬菜高湯改為4又1/2杯。省略步驟 ②，步驟③以小火煮的時間改為15分鐘，其他步驟不變。

栗子粥_P.173

糙米飯3/4碗（150公克）、熟栗子仁、蔬菜高湯1杯，以食物調理機攪碎後倒入鍋中，再加入1又1/2杯高湯，以大火煮滾後轉小火再煮5分鐘，撒鹽調味即熄火。

黃豆粥_P.172

直接以糙米飯代替糙米，把1/2碗（300公克）飯放入食物調理機中，攪打成原本體積的1/3。準備2杯的市售豆漿，直接代替浸泡過的黃豆。將糙米飯和豆漿倒入鍋中，以大火煮滾後轉小火再煮6分鐘，撒鹽調味。

地瓜粥_P.172

省略步驟①，在步驟②時以糙米飯3/4杯（150公克）直接取代糙米，水量增加至1杯。步驟③的水減為1又1/2杯，小火煮的時間改為5分鐘，其他步驟不變。

標準計量法

為了讓每次作的料理味道一致，避免不必要的失誤，請務必掌握好準確的食材用量和調理時間。如果沒有專業的計量器具，可使用紙杯、湯匙等小工具來測量食材。火力的強度也有相應的觀察與調節方法。

• 使用專業量器

1大匙=15毫升，1小匙=5毫升，1杯=200毫升。

醬油、醋、料理酒等液體計量的時候，無論是使用量杯或量匙，一定都要保持水平，而且液體不可溢出。

砂糖、鹽等粉末狀的食材盛滿後要如上圖所示，刮除多餘的部分，刮除時不需太用力，只要靠著量器的邊緣輕輕抹平即可。

大醬、辣椒醬等半固態醬料盛滿後刮除多餘的部分，並將頂部抹平。

黃豆、堅果等顆粒狀食材盛滿後刮除多餘的部分，頂部要保持平整。

★同樣是1杯的麵粉，重量比1杯的辣椒醬輕，所以計量的時候，不能以體積等同重量的方法來計算。

• 使用其他小工具

量杯vs. 紙杯
量杯的容量為200毫升，和一般的小紙杯差不多，所以可使用小紙杯來代替量杯。

量匙vs. 湯匙
量匙的1大匙=15毫升，一般湯匙的1大匙=10至12毫升。一般湯匙的容量比量匙略小，使用時要盛得滿一些。但是由於每個品牌出產的湯匙各有不同，建議還是使用標準的量匙。

• 調節火力

不同品牌的瓦斯爐火力各有不同，請觀察火與鍋底的距離，以此作為依據來調節火力。

中小火 → 中大火

約1公分

約0.5公分

熱鍋
開中火把鍋子燒熱，手靠近鍋底時能感覺到熱氣即可。有特別的注意事項時，請遵照食譜的指示。

小火
火的頂端與鍋底距離約1公分的火力。

中火
火的頂端與鍋底距離約0.5公分的火力。

大火
火的頂端已經接觸到鍋底的火力。

彈性測量方式

測量材料的重量時，以秤具來量是最準確的。

如果身邊沒有秤，也可試著以其他工具測量，甚至可徒手測量！

鹽，少許（1/5小匙以下）

胡椒粉，少許（輕輕撒2次的分量）

素麵、義大利麵，1把（80公克）

韓國粉絲，1把（100公克）

水芹，1把（60公克）

冬葵、蜂斗菜，1把（100公克）

短果茴芹，1把（100公克）

東風菜，1把（50公克）

菠菜，1把（50公克）

薺菜，1把（50公克）

艾草，1把（50公克）

防風草，1把（20公克）

貝比生菜，1把（20公克）

黃豆芽、綠豆芽，1把（50公克）

蕨菜，1杯（60公克）

秀珍菇，1把（50公克）

青花菜，1棵（200公克）

韓式年糕條，1杯約18條（130公克）

核桃，1杯（70公克）

乾海帶，1把（4公克）

營養好吃的 —

風味蔬食

加入了滿滿的季節時蔬、可口的根莖類蔬菜，
再添加各種菇類，即使沒有肉也非常好吃！
各種色澤誘人的沙拉，以及暖身又暖心的燉菜和餃子，
還有油炸卻清爽無負擔的炸物和糖醋料理，
這些蔬食色香味俱全，十分適合招待客人。

33

蔬菜沙拉

蔬菜沙拉

+柚子大醬

大醬可幫助淨化血液，清除人體中的老舊廢物和毒素，並可促使排出體內的尼古丁。酸甜的柚子加入大醬製作成風味獨特的沙拉醬，讓沙拉的風味與眾不同。

料理時間：25至30分鐘
食材：2至3人份
一人份熱量：82大卡

□ 高麗菜1/3顆（150公克）
□ 紫色高麗菜葉（一般高麗菜葉亦可）1片（30公克）
□ 紅色甜椒1/20個（10公克）

□ 黃色甜椒1/20個（10公克）
□ 芹菜20公分（30公克）
□ 小黃瓜1/6條（30公克）

柚子大醬
□ 梨子（或蘋果）1/15顆（30公克）
□ 醋3大匙

□ 柚子醬3又1/2大匙
□ 大醬3大匙
□ 炒鹽（或竹鹽）少許

1

將製作柚子大醬的所有材料放入食物調理機或果汁機中，打成醬。

2

紫色高麗菜葉洗淨後切成細絲，以水浸泡5分鐘後瀝乾。

3

高麗菜以流水洗淨，撕成一口大小後瀝乾。

4

甜椒切成長5公分、寬0.5公分的長條。芹菜以削皮刀削去表面較粗的纖維後，切成長5公分、寬0.5公分的長條。

5

小黃瓜去除表面的刺，切成長5公分、寬0.5公分的長條。

6

將高麗菜、紫色高麗菜、甜椒、芹菜及小黃瓜放入大碗中，加入步驟①製成的柚子大醬拌勻即完成。

＊應用不同的蔬菜
製作蔬菜沙拉時，紫色高麗菜可以等量的高麗菜代替，芹菜可以貝比生菜類的蔬菜代替。

根莖類蔬菜不但能夠淨化身體，其中高含量的糖分
更是人體重要的活力來源。根莖類蔬菜的口感爽脆、味道清淡，
配上酸酸辣辣的芥末梨子醬，整體口感立即升級。

根莖蔬菜沙拉

＋芥末梨子醬

料理時間：25至30分鐘
食材：2至3人份
一人份熱量：70大卡

□ 羊奶參2根（40公克）
□ 芹菜20公分（30公克）
□ 地瓜1/3個（70公克）

□ 菊薯（雪蓮薯）1/3個
　（70公克）
□ 白蘿蔔直徑10公分×厚0.3
　公分，1片（30公克；或大
　頭菜1/10個）
□ 胡蘿蔔1/6根（30公克）
□ 甜菜根1/20個（20公克）

芥末梨子醬
□ 梨子（或蘋果）1/8顆（80公克）
□ 砂糖1大匙
□ 醋2大匙
□ 檸檬汁3大匙（1/2個檸檬）
□ 炒鹽（或竹鹽）1/2小匙
□ 芥末醬1小匙

1

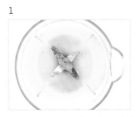

將製作芥末梨子醬的所有材料
放入食物調理機或果汁機中，
打成醬。

2

羊奶參以流水洗淨後，以小刀
採旋轉方式削皮。★羊奶參會
滲出黏液，建議戴著料理手套
操作。

3

以鹽水（水2杯＋鹽1小匙）
浸泡步驟②的羊奶參10分
鐘，去除苦味。接著以擀麵棍
將羊奶參壓扁或敲扁，備用。
★處理羊奶參的方法請見
P.19。

4

芹菜以削皮刀除去表面較粗
的纖維。地瓜、胡蘿蔔、白蘿
蔔、菊薯、甜菜根洗淨後，全
部切成長5公分、寬0.5公分
的長條。

5

將地瓜、胡蘿蔔、白蘿蔔、菊
薯放入水浸泡5分鐘，去除表面
的澱粉；甜菜根單獨浸泡5分
鐘。全部撈起瀝乾。

6

將羊奶參、芹菜、地瓜、菊
薯、白蘿蔔、胡蘿蔔、甜菜根
放入大碗中，加入芥末梨子
醬拌勻即完成。

＊試著選用其他根莖類
蔬菜

這道料理使用了7種根莖
類蔬菜來製作沙拉，也
可依照個人喜好選擇3至
4種根莖類蔬菜製作，總
量大約250公克即可。
將大頭菜、桔梗根和蕪
菁汆燙15秒後切絲，搭
配馬鈴薯製成沙拉也很
好吃。

桔梗根沙拉

薯塊沙拉

+蔬菜美乃滋

蔬菜美乃滋味道鮮美，對身體零負擔，適合搭配各種沙拉食用。
在蔬菜美乃滋裡加入一些堅果，
不但可增加風味，脆脆的口感也相當討喜。

料理時間：25至30分鐘
食材：2至3人份
一人份熱量：151大卡
□ 小馬鈴薯11顆（400公克）

蔬菜美乃滋
□ 豆腐（小盒板豆腐）1/4盒
　（45公克）
□ 芹菜15公分（25公克）
□ 花生（或杏仁、腰果）
　1又1/2大匙（15公克）

□ 豆漿2又1/2大匙
□ 橄欖油1/2大匙
□ 炒鹽（或竹鹽）
　1/4至1/2小匙

1

小馬鈴薯洗淨後切成4等分。

2

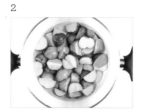

在鍋中加入小馬鈴薯、鹽水
（水2杯＋鹽1/2小匙），以大
火煮滾。煮滾後蓋上鍋蓋，持
續滾12分鐘，熄火後將小馬鈴
薯撈起瀝乾。

3

蔬菜美乃滋要使用的芹菜先
以削皮刀除去表面較粗的纖
維，再切成3公分的小段。

4

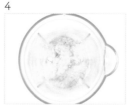

將製作蔬菜美乃滋的所有材
料放入食物調理機或果汁機
中，打成醬。

5

將步驟②煮熟的薯塊和蔬菜
美乃滋拌勻即完成。

＊**蔬菜美乃滋保存方法**
新鮮現作的蔬菜美乃滋
當然是最好吃的，但是
如果有剩下，可放入密
閉容器中，置於冷藏室
可保存3至4日。

桔梗根的味道略帶苦澀，加上由香醇的白芝麻和酸酸甜甜的柚子
所製成的醬料，就算是討厭桔梗根的小孩也能夠接受，
很能夠促進食欲。沙拉中的蔬菜一定要徹底去除表面的水分，
因為蔬菜表面的水分會讓醬料的味道變淡，影響風味。

桔梗根沙拉
＋柚子芝麻醬

料理時間：25至30分鐘
食材：2至3人份
一人份熱量：149大卡

☐ 美生菜3片（30公克）
☐ 高麗菜1/4顆（100公克）
☐ 桔梗根4根（60公克）

☐ 馬鈴薯1/3顆（70公克）
☐ 小番茄5顆
柚子芝麻醬
☐ 砂糖3又1/2大匙
☐ 白芝麻1大匙
☐ 蘇子粉4大匙

☐ 醋4又1/2大匙
☐ 柚子釀1大匙
☐ 炒鹽（或竹鹽）1小匙

1

美生菜和高麗菜以流水洗淨，
撕成一口大小後瀝乾。

2

桔梗根以流水洗淨後，去除
鬚根和皮，切成長5公分、寬
0.5公分的長條。
★桔梗根的處理方法請見
P.19。

3

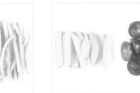

馬鈴薯以削皮刀去皮，切成1
公分厚的長條。小番茄去除
蒂頭後切成兩半。

4

桔梗根在煮滾的鹽水（水5杯
＋鹽1/4小匙）中燙30秒後撈
出，泡冷水降溫，瀝乾。在剛
才燙桔梗根的鹽水中放入馬
鈴薯，以大火煮3分鐘後熄火
撈出，泡冷水降溫，瀝乾。

5

將製作柚子芝麻醬的所有材
料放入碗中，攪拌均勻製成
醬汁。

6

在大碗中放入美生菜、高麗
菜、桔梗根、馬鈴薯、小番
茄，加入柚子芝麻醬拌勻即
完成。

＊桔梗根
　韓國產的桔梗根較短、
較細，有2至3個分岔，
鬚根較多。中國產的桔
梗根較大、較長，表面
也較光滑，有1至2個分
岔，夾帶的土較少。如
果要購買已去皮的桔梗
根，請注意挑選沒有發
霉，且形狀筆直、散發
清香的桔梗根。

使用甜甜脆脆的脆柿製成秋季沙拉。優格醬又酸又甜，
能夠中和柿子的澀味，讓柿子更加好吃。

+優格醬

脆柿沙拉

料理時間：20至25分鐘
食材：2至3人份
一人份熱量：162大卡

□ 脆柿2顆（300公克）
□ 紅色甜椒1/2個（100公克）
□ 黃色甜椒1/2個（100公克）
□ 小黃瓜1/4條（50公克）

優格醬
□ 原味優格1盒（85公克）
□ 蔬菜美乃滋2又1/2大匙
（40公克）
★蔬菜美乃滋的製作方法
請見P.40

1

脆柿削皮、對切，再切成厚
0.5公分的薄片。甜椒去籽，
切成邊長約3公分的三角形。

2

小黃瓜以刀子去除表面的刺，
對切後切成邊長約3公分的三
角形。將製作優格醬的材料放
入碗中，攪拌均勻製成醬料。

3

將脆柿、甜椒、小黃瓜放入大
碗中，加入優格醬拌勻即完
成。

嫩豆腐和菇類的營養豐富，而且口感柔軟，
是一道老少咸宜的料理。

+檸檬醬油

鮮菇嫩豆腐

料理時間：20至25分鐘
食材：2至3人份
一人份熱量：126大卡

□ 各種菇類（香菇、蘑菇、
杏鮑菇、秀珍菇等）150公克
□ 嫩豆腐2塊（400公克）

□ 蘇子油1小匙
□ 貝比生菜少許
（裝飾用，可省略）

鹽水
□ 水5大匙
□ 鹽1/4小匙

檸檬醬油
□ 砂糖1又1/3大匙
□ 醋2大匙
□ 檸檬汁1大匙
□ 韓式釀造醬油4大匙
□ 辣椒粉2小匙

1

將製作鹽水和檸檬醬油的材
料分別放入2個小碗中，分別
攪拌均勻。

2

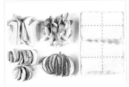

菇類全部去除根部，切成厚
0.5公分的薄片。嫩豆腐以十
字切的方法切成4等分。

3

熱鍋後倒入蘇子油，放入菇
類和鹽水，以大火炒1分30
秒。炒好的菇類盛放在嫩豆
腐上，淋上檸檬醬油，最後使
用貝比生菜裝飾即完成。

水煮的黃豆芽搭配各種菇類，加上梅子醬油，
製成了這一道清涼爽口的沙拉。為了保持菇類的嚼勁和黃豆芽的脆度，
食材只要稍微水煮一下就好。
梅子醬汁可冷藏一天後再食用，風味更佳。

鮮菇豆芽沙拉
＋梅子醬油

料理時間：30至35分鐘
食材：2至3人份
一人份熱量：95大卡
- 乾香菇2朵
- 乾黑木耳3朵（3公克，
  泡發後30公克）
- 杏鮑菇1個（80公克）
- 蘑菇2朵（40公克）
- 黃豆芽2又1/2把（120公克）

- 水芹15根（30公克）
- 炒鹽（或竹鹽）少許
- 芝麻油少許

香菇調味醬
- 砂糖1/4小匙
- 韓式釀造醬油1/2小匙
- 麥芽糖漿（或果糖、
  寡糖）1/4小匙
- 芝麻油少許

梅子醬油
- 砂糖3大匙
- 醋4大匙
- 韓式釀造醬油2大匙
- 梅釀1大匙
- 梨子（切碎；或以水取代）
  2大匙（20公克）
- 芥末醬1小匙

1

乾香菇、乾黑木耳以溫水（熱水1/2杯＋冷水1又1/2杯）浸泡20分鐘。泡發後的香菇去除菌柄，切成厚0.5公分的薄片，並與香菇調味醬的所有材料攪拌均勻。黑木耳切成容易入口的一口大小。

2

杏鮑菇橫向對切後，縱切成厚0.5公分的薄片。蘑菇直接切成厚0.5公分的薄片。水芹摘除葉片後，切成長5公分的大段。將製作梅子醬油的所有材料攪拌均勻，製成醬汁。

3

黃豆芽洗淨後放入鍋中，加入鹽水（水1杯＋鹽1/2小匙），以大火煮3分30秒後熄火，撈出沖涼水，冷卻後瀝乾水分。

4

在煮沸的鹽水（水5杯＋鹽1/2小匙）中放入杏鮑菇、蘑菇和黑木耳，燙30秒後熄火，撈出瀝乾。鹽水不要倒掉，在同一鍋水中放入水芹，開火燙30秒後即熄火撈出，泡水冷卻後將水分瀝乾。

5
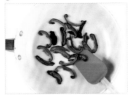
香菇在平底鍋中以中火炒3分鐘後熄火盛出。

6

將瀝乾的黑木耳、杏鮑菇、蘑菇、水芹放入碗中，加入炒鹽、芝麻油後以手輕輕拌勻。

7
加入黃豆芽和香菇，並淋上梅子醬油，所有食材拌勻即完成。

水芹具有獨特的香味，搭配炸牛蒡酥脆的口感，
加上又辣又酸的梅子辣椒醬，成為了這一道開胃的沙拉。
水芹是富含礦物質的鹼性食物，
牛蒡則含有豐富的膳食纖維和維生素，都是非常健康的食材。

水芹牛蒡沙拉

＋梅子辣椒醬

料理時間：30至35分鐘
食材：2至3人份
一人份熱量：139大卡

- ☐ 牛蒡直徑2公分×長10公分，6段（150公克）
- ☐ 乾香菇3朵
- ☐ 水芹1/2把（30公克）
- ☐ 紅色甜椒1/13個（15公克）
- ☐ 黃色甜椒1/13個（15公克）
- ☐ 炒鹽（或竹鹽）少許
- ☐ 芝麻油少許
- ☐ 糯米粉3大匙
- ☐ 食用油2杯（400毫升）

香菇調味醬
- ☐ 砂糖1/4小匙
- ☐ 韓式釀造醬油1/2小匙

- ☐ 麥芽糖漿（或果糖、寡糖）1/4小匙
- ☐ 芝麻油少許

梅子辣椒醬
- ☐ 砂糖2大匙
- ☐ 醋2大匙
- ☐ 梅釀1大匙
- ☐ 辣椒醬2大匙

1

將製作梅子辣椒醬的所有材料攪拌均勻，製成醬汁。

2

乾香菇以溫水（熱水1杯＋冷水1杯）浸泡20分鐘。泡發後去除菌柄，切成厚0.5公分的薄片，並與香菇調味醬的所有材料攪拌均勻。

3

牛蒡以刀背去皮，切成長5公分的薄片。紅、黃甜椒切成5公分的長條。水芹先去除爛葉，以流水洗淨，切成長5公分的大段。

4

將牛蒡放入碗中，與炒鹽、芝麻油拌勻，再均勻地裹上糯米粉。

5

在鍋中倒入食用油，加熱至180℃（放入牛蒡時會產生很多小氣泡的程度），將牛蒡放入油鍋中炸3分鐘，撈出後以廚房紙巾吸油。

6

將香菇、水芹、甜椒、炸好的牛蒡放入碗中，淋上梅子辣椒醬後拌勻即完成。

＊ 低辣度的梅子辣椒醬
將梅子辣椒醬中的辣椒醬減量至1/2大匙，辣度就會降低許多，即使是小孩也能接受。

47

馬鈴薯春捲

蓮花五折坂
+柿子醬

出淤泥而不染的蓮花含有往生極樂的意義。
我在招待重要客人的時候，一定會準備蓮花五折坂。
本書介紹的五折坂是韓國傳統美食「九折坂」的變形，
一般人在家中也能輕鬆製作。餅皮中可包入各種食材，
配上醃漬蓮藕和松子粉，不但可吃到食物的原味，也能增加樂趣。

料理時間：40至45分鐘
食材：2至3人份
一人份熱量：143大卡
□ 蓮花1朵（裝飾用，可省略）
□ 蓮藕直徑4公分×長2公分，
　1塊（20公克）
□ 小黃瓜1/20條（10公克）
□ 栗子仁1顆（10公克；或地瓜
　1/20個）
□ 紅色甜椒1/10個（20公克）

□ 黃色甜椒1/10個（20公克）
□ 甜菜根1/40個（10公克）
□ 松子1/2大匙
□ 食用油1小匙
餅皮（直徑6公分，8張）
□ 麵粉4大匙
□ 水4大匙
□ 炒鹽（或竹鹽）少許
蓮藕漬醬
□ 砂糖1大匙

□ 水1大匙
□ 醋2大匙
□ 炒鹽（或竹鹽）1/3小匙
□ 甜菜根少許
柿子醬
□ 柿子（冷凍柿子亦可）
　1個（140公克）
□ 醋1大匙
□ 蜂蜜2小匙

1

蓮藕以削皮刀削皮後切成薄片。將製作蓮藕漬醬的所有材料拌勻，蓮藕片放入漬醬中浸泡10分鐘。
★蓮藕的處理方法請見P.20。

2

柿子去皮後壓碎、過篩，將製作柿子醬的所有材料攪拌均勻製成柿子醬。★冷凍柿子請在室溫解凍後再使用。

3

小黃瓜、栗子仁、甜椒、甜菜根全部切成長2公分的細絲。

4

將製作餅皮的所有材料倒入碗中，拌勻作成麵糊後過篩。松子在廚房紙巾上切碎備用。★麵糊如果攪拌得久一些容易出筋，食用時會比較有嚼勁。

5

熱鍋後倒入食用油，以廚房紙巾將油塗抹均勻。吸去鍋中多餘的油，倒入1大匙的麵糊，以湯匙背推開成圓形，邊緣翹起後翻面再煎10秒。以同樣的方式共作出8張餅皮。

6

蓮花放在盤子上，鋪開花瓣放上小黃瓜、栗子、甜椒、甜菜根。準備另一個盤子，放上餅皮和醃漬蓮藕。準備就緒，即可上桌食用。食用時在餅皮上放入蓮花和蔬菜，撒上松子後包起來，並沾一些柿子醬。

＊**購買蓮花**
請注意購買食用級的蓮花、蓮葉。

這一道春捲的原型是越南春捲，為了寺院飲食而有所調整。
馬鈴薯泥的口感柔和、清淡，同時能夠增加飽足感。
可依個人喜好選擇不同的新鮮時蔬，
搭配酸酸的芥末調味醬一起食用，非常美味。

+芥末調味醬

馬鈴薯春捲

料理時間：30至35分鐘
食材：3至4人份
一人份熱量：174大卡

□ 米紙（直徑15.5公分）12張
□ 馬鈴薯2顆（400公克）
□ 高麗菜葉1片（30公克）
□ 紅色甜椒1/4個（50公克）

□ 黃色甜椒1/4個（50公克）
□ 金針菇1/10把（20公克）
□ 炒鹽（或竹鹽）1/4小匙
□ 芝麻油1小匙

芥末調味醬
□ 梨子（或蘋果）1/8顆
　（80公克）

□ 砂糖1大匙
□ 醋2大匙
□ 檸檬汁3大匙（1/2顆檸檬）
□ 炒鹽（或竹鹽）1/2小匙
□ 芥末醬1小匙

1

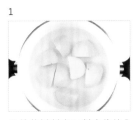

馬鈴薯以削皮刀削皮後放入鍋中，加入水和鹽1小匙，水量請蓋過馬鈴薯。接著蓋上鍋蓋，煮15分鐘後熄火，將馬鈴薯撈出瀝乾放涼。

2

將製作芥末調味醬的所有材料放入食物調理機或果汁機中，打成醬。

3

高麗菜、甜椒切成長3公分、寬0.5公分的長條。金針菇切掉根部後撕開。

4

放涼的馬鈴薯以湯匙壓碎後加入炒鹽、芝麻油，拌勻後分成12等分。

5

米紙以溫水（熱水3杯＋冷水1/2杯）浸泡10秒。

6

在步驟⑤的米紙上放入1/12分量的蔬菜和馬鈴薯，從米紙底部先往上摺，接著兩側也摺進來，慢慢地往上捲。捲好所有的春捲後，淋上芥末調味醬即可食用。

＊製作其他口味的春捲
在馬鈴薯春捲中加入一朵水煮香菇也很好吃，香菇請切成厚0.5公分的薄片。也可搭配P.57的柚子大醬。

鮮菇類帶有大地的氣韻，是營養健康又好吃的食物，
歷史上知名的統治者包括秦始皇、拿破崙、尼祿都很喜歡。
這道料理將各種菇類切得比較厚一些，稍微汆燙後放涼即可食用，
有嚼勁且滋味鮮美。

鮮菇總匯

料理時間：20至25分鐘
食材：2人份
一人份熱量：41大卡

□ 杏鮑菇1個（80公克）
□ 秀珍菇1把（50公克）

□ 香菇2朵（50公克）
□ 乾黑木耳2朵（2公克，
　泡發後20公克）

醋醬
□ 辣椒粉1/3小匙

□ 醋1小匙
□ 韓式釀造醬油1小匙
□ 梅釀1小匙
□ 辣椒醬1小匙
□ 白芝麻少許

1

在小碗中將製作醋醬的所有
材料拌勻。

2

乾黑木耳以溫水浸泡20分鐘，
以手搓洗乾淨後撈出瀝乾。

3

將所有的菇都去除根部。杏
鮑菇切成厚1公分的厚片，秀
珍菇撕開，香菇去除菌柄後
切成厚0.5公分的薄片。

4

將杏鮑菇、香菇、秀珍菇放入
煮沸的鹽水（水5杯＋鹽1小
匙）中煮30秒。

5

以冷水沖一下步驟④的所有
菇類，瀝乾水分，置於冷藏室
中冷卻10分鐘。最後盛盤，
淋上醋醬即可食用。

＊**製作不辣的酸甜醬**

醋醬也可以酸甜醬取
代。準備檸檬汁1大匙、
醋3大匙、韓式湯用醬油
1大匙、橄欖油2大匙、
芝麻油1大匙、砂糖2
小匙、白芝麻少許，所
有材料拌勻即製成酸甜
醬。這款沾醬非常適合
搭配冷盤，也十分符合
孩子們的口味。

海帶富含鈣和鎂，有助於強健骨質，豆腐則含有大量的蛋白質，
這兩種食材非常適合成長中的小孩。
食用時搭配香辣的柚子辣椒醬，美味立即升級！

＋柚子辣椒醬

海帶豆腐捲

料理時間：30至35分鐘
食材：2人份
一人份熱量：140大卡
☐ 海帶1張（50公克；A4紙大小）
☐ 蘇子葉4片
☐ 豆腐（小盒板豆腐）1盒
　（200公克）

☐ 水芹4根（8公克）
☐ 白芝麻1/2小匙
☐ 黑芝麻1/4小匙
☐ 炒鹽（或竹鹽）1/4小匙
☐ 芝麻油1小匙

柚子辣椒醬
☐ 蔬菜高湯（或水）1大匙
★蔬菜高湯的製作方法請見P.28
☐ 醋1大匙
☐ 柚子釀1大匙
☐ 辣椒醬1大匙

1

海帶沖水2至3次洗淨，接著以冷水浸泡10分鐘去除鹽分。蘇子葉以流水洗淨後瀝乾。將柚子辣椒醬的所有材料拌勻，製成沾醬。

2

將豆腐放入滾水（5杯）中煮3分鐘，撈出瀝乾。煮豆腐的水不要倒掉，備用。

3

將步驟①的海帶放入步驟②煮豆腐的水中，煮30秒後撈出瀝乾。同一鍋水中放入水芹，煮30秒後以冷水沖涼、瀝乾。

4

以棉布包住豆腐擠乾水分。接著將豆腐、白芝麻、黑芝麻、炒鹽、芝麻油放入碗中攪拌均勻。

5

攤開海帶，放上蘇子葉，鋪上步驟④拌好的豆腐，慢慢往上捲。

6
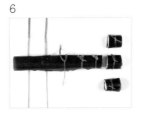
水芹縱切成兩半後，間隔3公分綁在海帶豆腐捲上，依序切成容易入口的小段。盛盤後搭配柚子辣椒醬食用。

夾心豆腐

清淡的豆腐和香氣十足的香菇絕對是迷人的組合。
油炸後的豆腐帶有酥脆口感，
加上柚子大醬，就算不喜歡香菇的人也會喜歡。

＋柚子大醬
夾心豆腐

料理時間：35至40分鐘
食材：2至3人份
一人份熱量：292大卡

□ 豆腐（大盒板豆腐）1盒
　（300公克）
□ 鹽少許（豆腐基本調味）
□ 乾香菇4朵
□ 韓式湯用醬油1/2大匙

□ 蘇子油1/2大匙
□ 太白粉4大匙
□ 糯米粉2大匙
□ 食用油2杯（400毫升）
□ 沙拉蔬菜少許（可省略）

芡汁
□ 太白粉1小匙
□ 水1大匙

柚子大醬
□ 梨子（或蘋果）1/15顆
　（30公克）
□ 醋3大匙
□ 柚子釀3又1/2大匙
□ 大醬3大匙
□ 炒鹽（或竹鹽）少許

1

乾香菇以溫水（熱水1/2杯＋冷水1又1/2杯）浸泡20分鐘，泡發後瀝乾。梨子剁碎，將柚子大醬的所有製作材料拌勻製成調味醬。

2

豆腐以十字切分成4等分，再切成厚0.5公分的薄片，放在廚房紙巾上並撒鹽醃10分鐘，接著以廚房紙巾吸乾水分。

3

步驟①的香菇去除菌柄，切末後加入湯用醬油和蘇子油拌勻。將芡汁的材料拌勻，備用。

4

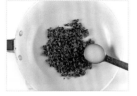

在熱鍋中放入步驟③的香菇，炒1分鐘後加入芡汁1大匙（加入前再攪拌一下），炒30秒後熄火盛出。

5

在盤中撒上2大匙的太白粉，將豆腐兩面均勻裹上太白粉。將步驟④的香菇平分成4份，分放在4片豆腐上，再取另4片豆腐蓋上。剩下的2大匙太白粉和2大匙糯米粉拌勻，均勻撒在夾心豆腐上。

6

在鍋中倒入食用油，加熱至180℃（放入豆腐會產生很多氣泡的程度），放入步驟⑤的豆腐，炸2至3分鐘。取出鍋中的豆腐，以廚房紙巾將豆腐上的油吸乾淨。擺盤後放上柚子大醬和沙拉蔬菜即可食用。

＊請注意！
步驟③的香菇要盡量剁碎。豆腐兩面要充分均勻地裹上太白粉，才能牢牢地夾住餡料。香菇餡請遵照食譜，不要過量。

蕎麥餅是江原道的傳統飲食，裡面包捲著炒泡菜，
可單吃，也可搭配醋醬或是芥末醬料。
蕎麥麵糊攪拌得久一點，口感會更有嚼勁。
熱熱吃最好吃！

泡菜蕎麥捲餅

料理時間：30至35分鐘
食材：2至3人份
一人份熱量：202大卡

□ 蕎麥粉1杯（120公克）
□ 水1又1/4杯（250毫升）
□ 炒鹽（或竹鹽）1/2小匙
□ 白菜泡菜1又1/3杯（200公克）

□ 蘇子油1小匙
□ 煎餅用油（食用油1大匙
　＋蘇子油1小匙）

1

將蕎麥粉、水、炒鹽以打蛋器
充分拌勻後過篩。

2

白菜泡菜去芯、剁碎，加入蘇
子油拌勻。

3

在熱鍋中倒入1小匙的煎餅用
油與步驟②的白菜泡菜，炒3
分鐘後即熄火盛出。

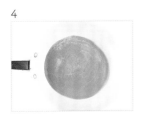

4

將步驟③使用完的鍋子擦乾
淨後再次加熱，倒入1小匙煎
餅用油和1湯瓢步驟①的蕎
麥糊，轉動鍋子讓蕎麥糊在
鍋中均勻鋪開。煎40秒後翻
面再煎30秒。重複同樣的動
作，共製作出3張煎餅。

5

每張蕎麥餅上放入1/3分量步
驟③的炒泡菜，慢慢往上捲。
捲好後切成一口大小，趁熱
食用。

＊**也可搭配芥末醬料**

準備梨子（或蘋果）1/8
顆（80公克）、砂糖1大
匙、醋2大匙、檸檬汁3
大匙、炒鹽（或竹鹽）
1/2小匙、芥末醬1小
匙，將所有材料放入食
物調理機或果汁機打成
醬即完成。這款芥末醬
料非常適合搭配蕎麥煎
餅食用。

涼拌橡子涼粉
橡子涼粉

涼拌橡子涼粉

橡子涼粉

涼拌橡子涼粉

橡子涼粉

涼拌橡子涼粉

橡子涼粉

涼拌橡子涼粉

橡子涼粉

涼拌橡子涼粉

橡子涼粉

橡子涼粉對於消除疲勞和解酒很有幫助，請試著品嘗一下吧！
橡子涼粉的口感和顏色取決於烹煮的程度，
充分攪拌會讓橡子糊變得濃稠，製成的涼粉口感會更好。

料理時間：40至45分鐘（＋涼粉凝固需2至3小時）食材：2至3人份一人份熱量：98大卡	□ 橡子粉1/2杯（50公克） □ 水3又1/2杯（700毫升） **沾醬** □ 白芝麻1/2大匙	□ 辣椒粉1/2大匙 □ 韓式釀造醬油2大匙 □ 蘇子油1大匙 □ 砂糖1/4小匙

1

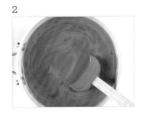

橡子粉和水以打蛋器充分攪拌均勻後過篩。在小碗中放入製作沾醬的所有材料，攪拌均勻製成沾醬。

2

將步驟①的橡子粉＋水倒入鍋中，以大火煮至鍋邊冒泡後轉小火，煮35分鐘後熄火。烹煮的過程中不停地以鍋鏟攪拌。

3

準備18×10公分的容器，容器內部先沾上水，再倒入步驟②煮好的橡子糊，置於常溫下2至3小時冷卻凝固。凝固後切成適合入口的大小，搭配沾醬即可食用。

橡子涼粉

以清淡的蔬菜高湯作為基底，加入辣味的泡菜醬料和清爽彈牙的橡子涼粉。也可依照個人喜好，加入高麗菜絲或小黃瓜絲。

料理時間：20至25分鐘食材：2人份一人份熱量：58大卡 □ 橡子涼粉200公克 □ 白菜泡菜1/2杯（80公克） □ 水芹1根（2公克，可省略） □ 海苔碎片少許	□ 炒鹽（或竹鹽）1/3小匙（可依照喜好調整） □ 韓式湯用醬油1小匙 **泡菜漬醬** □ 醋2大匙 □ 辣椒粉1/2小匙 □ 白芝麻1/4小匙	□ 芝麻油1/4小匙 □ 砂糖少許 **蔬菜高湯** **（完成量3杯，600毫升）** □ 水4杯（800毫升） □ 乾香菇2朵 □ 海帶5×5公分，1張

1

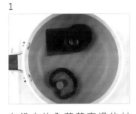

在鍋中放入蔬菜高湯的材料，煮沸。高湯煮沸後取出海帶，轉小火煮10分鐘，熄火後撈出香菇。高湯稍微放涼後，加入湯用醬油和炒鹽調味，接著放進冷藏室冷卻。

2

橡子涼粉切成長10公分、寬1公分的長條。水芹摘除葉子後切成細末。白菜泡菜去芯、剁碎，加入泡菜漬醬中拌勻。

3

取一個大碗，依序放入步驟②的橡子涼粉、白菜泡菜、水芹、海苔碎片，最後倒入步驟①的蔬菜高湯即完成。

涼拌橡子涼粉

乾燥的橡子涼粉有嚼勁、有韌性，加入醬油和砂糖一起炒，
甜甜鹹鹹，相當美味。蔬菜稍微炒過，吃起來很爽脆，
搭配乾橡子涼粉的結實口感，
再加上蘇子油的香味，是一道男女老少皆宜的料理。

乾橡子涼粉小炒

料理時間：20至25分鐘
（＋涼粉事先浸泡2小時）
食材：2人份
一人份熱量：198大卡

- □ 乾橡子涼粉2杯（80公克）
- □ 胡蘿蔔1/6根（30公克）
- □ 青辣椒1根
- □ 紅辣椒1根
- □ 香菇2朵（50公克）
- □ 水芹12根（25公克）
- □ 蘇子油1小匙

醬汁
- □ 砂糖1大匙
- □ 水8大匙

- □ 韓式釀造醬油2大匙
- □ 麥芽糖漿（或果糖、寡糖）
  1/2小匙
- □ 白芝麻1/2小匙
- □ 蘇子油1/2小匙

1

將乾橡子涼粉以水（3杯）浸泡2小時。

2

在滾水（3杯）中放入泡好的橡子涼粉，煮3分鐘後熄火撈出，泡冷水，冷卻後瀝乾。

3

胡蘿蔔切成厚0.5公分的薄片。青、紅辣椒皆切成小圈。香菇去除菌柄，切成厚0.5公分的薄片。水芹摘除爛葉，切成長4公分的小段。

4

將醬汁的製作材料放入小碗中，攪拌均勻即製成醬汁。

5

醬汁和步驟②的橡子涼粉一起翻炒，醬汁煮滾後持續翻炒1分鐘，加入胡蘿蔔、香菇、水芹、青辣椒、紅辣椒，炒1分鐘。

6

起鍋前加入蘇子油拌勻，熄火即可盛出食用。

＊如果沒時間浸泡乾燥
　的橡子涼粉……

　如果沒有充裕的時間事
　先浸泡乾橡子涼粉，可
　省略步驟①，而步驟②
　煮涼粉的時間則延長為5
　分鐘，但是比起冷水浸
　泡過的口感會稍微差一
　些。請注意，不要煮超
　過5分鐘。

黃豆芽拌粉絲

黃豆芽拌粉絲

黃豆芽含有豐富的維生素C和天門冬醯胺，有助於緩解疲勞和解酒，很適合在晚餐時為家人製作這道料理唷！

爽脆的黃豆芽，搭配各種菇類和蔬菜，營養相當充足。

料理時間：20至25分鐘
（＋韓國粉絲事先浸泡1小時）
食材：2至3人份
一人份熱量：172大卡

□ 韓國粉絲1把（100公克）
□ 黃豆芽3把（150公克）

□ 香菇2朵（50公克）
□ 青辣椒2根
□ 紅辣椒1/2根（可省略）
□ 辣椒粉1/2大匙
醬汁
□ 水3/4杯（150毫升）

□ 砂糖1大匙
□ 韓式湯用醬油1/2大匙
□ 韓式釀造醬油2大匙
□ 白芝麻1小匙
□ 蘇子油1小匙

1

韓國粉絲以冷水浸泡1小時後，剪成方便使用的長度（約15公分）。

2

黃豆芽洗淨後放入鍋中，加入鹽水（水1杯＋鹽1/2小匙），蓋上鍋蓋煮3分30秒後撈出瀝乾。

3

香菇除去菌柄，切成厚0.3公分的薄片。青、紅辣椒縱向對切後去籽，切成長5公分的細絲。

4

將醬汁的製作材料放入小碗中，攪拌均勻製成醬汁。

5

取一個有深度的鍋子，加熱後倒入步驟④的醬汁，以大火煮沸後加入韓國粉絲，轉中火煮5分鐘。

6

放入香菇和青、紅辣椒，以中火翻炒1分鐘後加入黃豆芽拌勻。熄火後撒上辣椒粉，拌勻即可盛盤食用。

＊如果沒時間浸泡韓國粉絲……

韓國粉絲通常要事先浸泡30分鐘至1小時才能使用，如果沒有充裕的時間事先浸泡，可省略步驟①，並將韓國粉絲置於滾水煮1分30秒，撈起瀝乾後接續步驟⑤的烹調方式。其他步驟相同。

炒牛蒡和黃豆芽口感清脆、有嚼勁，
搭配菇類與零星點綴的蔬菜，製成了這一道特別的蔬菜雜燴。
即使沒有韓國粉絲，一樣很好吃。牛蒡中含有精胺酸，
能夠促進血液循環，有助於腸內益菌繁殖，緩解便祕。

牛蒡黃豆芽雜燴

料理時間：25至30分鐘
食材：2至3人份
一人份熱量：126大卡

☐ 牛蒡直徑2公分×長10公分，
　3段（70公克）
☐ 黃豆芽2把（100公克）
☐ 乾黑木耳3朵（3公克，
　泡發後30公克）
☐ 香菇2朵（50公克）
☐ 胡蘿蔔1/10根（20公克，
　可省略）
☐ 青陽辣椒1根
☐ 水芹25根（50公克）
☐ 蘇子油1大匙
☐ 黑芝麻少許（可省略）

醬汁
☐ 水3/4杯（150公克）
☐ 砂糖2大匙
☐ 韓式湯用醬油1大匙
☐ 韓式釀造醬油2大匙
☐ 白芝麻1/2小匙
☐ 麥芽糖漿（或果糖、寡糖）
　2小匙

1

牛蒡以刀背去皮後切成細絲，
以醋水（水1杯＋醋1/2小匙）
浸泡5分鐘去除麻味，瀝乾。
★牛蒡的處理方法請見P.20。

2

黃豆芽洗淨後放入鍋中，加入
鹽水（水1杯＋鹽1/2小匙），蓋
上鍋蓋煮3分30秒後撈出瀝乾。

3

乾黑木耳以溫水浸泡10分鐘
後洗淨瀝乾，撕成一口大小。
香菇去除菌柄，切成厚0.5公
分的薄片。將醬汁的製作材料
放入小碗中，攪拌均勻製成醬
汁。★乾黑木耳的處理方法請
見P.21。

4

胡蘿蔔切成長5公分、寬0.5
公分的長條。青陽辣椒縱向
對切去籽，切成長5公分、寬
0.3公分的細條。水芹摘除葉
子，切成長5公分的小段。

5

在熱鍋中倒入蘇子油，以大火
先炒牛蒡1分鐘，加入一半步
驟③製好的醬汁，炒2分鐘。

6

在鍋中繼續加入黃豆芽和1/4
分量的醬汁，以大火炒1分30
秒，加入黑木耳、香菇、胡蘿
蔔、青陽辣椒、水芹和剩下
的醬汁，續炒1分鐘。熄火盛
盤，撒上黑芝麻即完成。

＊牛蒡黃豆芽蓋飯
　在熱騰騰的飯（2碗）上
　倒入1/2分量的牛蒡黃豆
　芽雜燴，輕輕鬆鬆即可
　完成牛蒡黃豆芽蓋飯。

豆腐櫛瓜雜燴

蔬
菜
年
糕
雜
燴

豆腐櫛瓜雜燴

煎過的豆腐切絲後加上蔬菜，製成了這一道料理。口感柔軟清淡，
適合牙口不好的老人家。豆腐易碎，所以要先煎過再切。
為了防止櫛瓜出水，須先以鹽醃過後再炒。

料理時間：40至45分鐘
食材：2至3人份
一人份熱量：160大卡
□ 豆腐（大盒板豆腐）1盒
　（300公克）
□ 鹽1/4小匙（豆腐基本調味）
□ 櫛瓜1/2條（140公克）
□ 鹽1/2小匙（醃櫛瓜用）

□ 青椒1/5個（20公克）
□ 紅色甜椒1/5個
　（20公克）
□ 杏鮑菇1個（80公克）
□ 炒菜用油（食用油1大匙
　＋蘇子油1小匙）

醬汁
□ 黑砂糖（或黃砂糖、
　白砂糖）1大匙
□ 蔬菜高湯（或水）6大匙
　★蔬菜高湯的製作方法請
　見P.28
□ 韓式釀造醬油1大匙
□ 芝麻油1/4小匙

1

豆腐切成厚0.5公分的薄片，
放在廚房紙巾上，撒上1/4小
匙的鹽，10分鐘後以廚房紙
巾吸乾水分。

2

櫛瓜切成長8公分、寬0.5公
分的細條，以1/2小匙的鹽醃
10分鐘。★櫛瓜的處理方法
請見P.23。

3

杏鮑菇縱切成兩半，再切成
厚0.5公分的薄片。青椒、紅
色甜椒切成寬0.5公分的長
條。將醬汁的製作材料放入
小碗中，攪拌均勻製成醬汁。

4

在熱鍋中倒入炒菜用油，放
入豆腐，以中小火兩面各煎2
分鐘。煎好的豆腐放在砧板
上，放涼後切成寬1公分的長
條。★豆腐放涼後再切比較
不會碎。

5

步驟④的鍋子再次燒熱，放
入杏鮑菇和一半的醬汁，以
大火炒10秒，放入櫛瓜、青
椒、紅色甜椒和1/4分量的醬
汁，續炒30秒後熄火盛出。

6

同一個鍋中再倒入豆腐和剩
下的醬汁，以大火炒1分鐘，
最後加入步驟⑤炒過的蔬菜
一起拌炒均勻，熄火盛盤即
可食用。

＊可使用市售的炸豆腐
　如果覺得自己煎豆腐很
　麻煩，可改用市售的炸
　豆腐。將炸豆腐切成寬
　1公分的長條，接續步
　驟⑥即可。

年糕和香菇嚼勁十足，搭配蔬菜的美好滋味和口感，
製成這一道料理。為了讓年糕吸滿湯汁，請先充分拌炒年糕，
最後再加入蔬菜，如此一來蔬菜才能保持清脆的口感。
建議醬汁提前作好，並置於冷藏室發酵一天，風味更佳。

蔬菜年糕雜燴

料理時間：40至45分鐘
食材：2人份
一人份熱量：256大卡

- □ 櫛瓜乾10片（20公克）
- □ 綠豆芽1把（50公克）
- □ 韓式年糕22條（160公克）
- □ 芝麻油1/2小匙
  （年糕基本調味）

- □ 青椒1/10個（10公克）
- □ 紅色甜椒1/10個（10公克）
- □ 香菇1朵（25公克）
- □ 白芝麻1小匙

醬汁
- □ 蔬菜高湯1杯（200毫升）
  ★蔬菜高湯的製作方法請見P.28
- □ 韓式釀造醬油1大匙
- □ 砂糖2小匙
- □ 韓式湯用醬油1小匙
- □ 蘇子油1小匙

1

櫛瓜乾以熱水（2杯）浸泡30分鐘後撈出瀝乾。

2

綠豆芽以流水洗淨後瀝乾。

3

將醬汁的製作材料放入小碗中，均勻攪拌製成醬汁。年糕以滾水（3杯）煮1分鐘後撈起，瀝乾後加入芝麻油拌勻。

4

櫛瓜乾和青椒、紅色甜椒切成寬0.5公分的長條。香菇去除菌柄，切成厚0.5公分的薄片。

5

將有深度的鍋子燒熱，倒入年糕和醬汁，以大火煮滾後續煮2分鐘，加入香菇、櫛瓜乾、綠豆芽，拌炒30秒。

6

加入青椒和紅色甜椒，拌炒30秒。熄火後撒上白芝麻即完成。

＊**以櫛瓜代替櫛瓜乾**

櫛瓜縱切成兩半，再切成厚0.5公分的薄片，取少許的鹽醃10分鐘，逼出水分後擠乾，接續步驟⑤代替櫛瓜乾加入鍋中。

南瓜鮮菇八寶菜

八寶菜屬於中華料理，由八種珍貴的食材炒製而成。
菇類和南瓜等八種蔬菜都是寺院飲食經常使用的健康食材，
這些食材放入蔬菜高湯中滾煮，再以芡汁調節湯汁濃度，
幾個步驟就能完成具有寺院風格的八寶菜。

料理時間：30至35分鐘
食材：2人份
一人份熱量：72大卡
□ 乾黑木耳1朵（1公克，
　 泡發後10公克，可省略）
□ 秀珍菇1把（50公克）
□ 香菇3朵（75公克）
□ 蘑菇3朵（60公克）

□ 南瓜1/16顆（50公克）
□ 青椒1/3個（30公克）
□ 紅色甜椒1/2個（50公克）
□ 竹筍（罐頭）1/5個（30公克）
□ 青江菜1株（60公克）
□ 蔬菜高湯2杯（400毫升）
　 ★蔬菜高湯的製作方法請見
　 P.28

□ 韓式湯用醬油1大匙
　 （可依照喜好調整）
□ 炒鹽（或竹鹽）1/2小匙
□ 芝麻油1/2小匙
芡汁
□ 太白粉1大匙
□ 水1大匙

1

乾黑木耳以溫水（1杯）浸泡10分鐘，以手搓去雜質，瀝乾後撕成一口大小。

2

秀珍菇清理乾淨後，一枝一枝撕開。香菇去除菌柄，與蘑菇皆以十字刀的方式切成4等分。

3

南瓜去皮後切成厚0.5公分的薄片。青椒、紅色甜椒切成邊長2公分的三角形。竹筍依照形狀切成厚0.5公分的薄片。

*南瓜去皮的訣竅
　將南瓜放入微波爐（700瓦）中微波2至3分鐘，稍微軟化表皮，去皮會更為容易。取出南瓜切成兩半，去籽後以外皮朝上的方式放在砧板上，一手按住南瓜，一手持刀稍微出力，慢慢地把皮削掉。

4

青江菜先縱切成4等分，再橫切成兩段。在小碗中混合好芡汁。

5

在有深度的鍋中倒入蔬菜高湯（2杯），以大火煮沸後加入南瓜煮30秒，加入黑木耳、秀珍菇、香菇、蘑菇續煮1分鐘。

6

加入青椒、紅色甜椒、青江菜、炒鹽、湯用醬油，煮30秒，倒入芡汁（倒入前再次攪拌均勻）再煮30秒即熄火，加入芝麻油拌勻即完成。

傳統的韓式涼皮料理大多會有肉類，
這道料理則是以寺院飲食的方式製作，很適合招待客人。
以菇類代替傳統的肉類，搭配蔬菜與彈牙的涼皮一起食用，
加上泡菜和微辛的芥末醬料，味覺與口感都相當豐富。

泡菜涼皮拌雜蔬

料理時間：35至40分鐘
食材：2至3人份
一人份熱量：205大卡

- ☐ 涼皮1張（50公克）
- ☐ 乾黑木耳3朵（3公克，
  泡發後30公克）
- ☐ 高麗菜葉2片（60公克）
- ☐ 胡蘿蔔1/4根（50公克）
- ☐ 水芹10根（20公克）
- ☐ 金針菇1/2把（50公克）

- ☐ 秀珍菇3把（150公克）
- ☐ 白菜泡菜1杯（150公克）
- ☐ 芝麻油1大匙

泡菜漬醬
- ☐ 砂糖少許
- ☐ 芝麻油少許

秀珍菇漬醬
- ☐ 炒鹽（或竹鹽）少許
- ☐ 芝麻油少許

芥末花生醬
- ☐ 砂糖2大匙
- ☐ 水2又1/3大匙
- ☐ 醋3大匙
- ☐ 韓式釀造醬油1大匙
- ☐ 芥末醬2又1/2大匙
- ☐ 花生醬（或花生碎片）
  1大匙
- ☐ 炒鹽（或竹鹽）1小匙
- ☐ 芝麻油1小匙

1

涼皮以水（4杯）浸泡30分鐘
後，以冷水洗淨，撕成適當大
小後瀝乾水分。乾黑木耳以
溫水（3杯）浸泡10分鐘，搓
洗乾淨後瀝乾水分，撕成一
口大小。

2

高麗菜和胡蘿蔔切成長6公
分、寬0.3公分的長條。水芹
摘除爛葉，切成長6公分的大
段。金針菇與秀珍菇切除根
部後撕開。

3

白菜泡菜去芯後切成寬0.5公
分的長條，和泡菜漬醬的製
作材料拌勻。將芥末花生醬
的製作材料放入碗中，混合
均勻製成沾醬。

4

秀珍菇放入滾水（3杯）中燙
30秒，撈起瀝乾後，和秀珍
菇漬醬的製作材料拌勻。

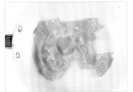

5

在熱鍋中倒入1/2大匙芝麻
油，倒入涼皮拌炒30秒後熄
火盛出。

6

再次熱鍋後倒入1/2大匙芝麻
油，放入黑木耳拌炒1分鐘後
熄火盛出。

7

將所有食材擺盤即完成。食
用時搭配芥末花生醬。

豆腐和菇類加上蘇子粉，製成了這一道燉菜，味道清淡卻香味十足。
營養豐富的豆腐和菇類適合成長中的小孩和身體虛弱者，
能開胃也能增強活力。

營養蘇子燉菜

料理時間：30至35分鐘
食材：2至3人份
一人份熱量：331大卡
□ 豆腐（大盒板豆腐）1/2盒
　（150公克）
□ 鹽少許（豆腐基本調味）
□ 杏鮑菇1個（80公克）

□ 鮮香菇3朵（75公克）
□ 水芹10根（20公克）
□ 炒菜用油（食用油1大匙
　＋蘇子油1小匙）
□ 蘇子油1大匙
□ 韓式湯用醬油1大匙
□ 蘇子粉1/2杯（50公克）

蔬菜高湯
（完成量1杯，200毫升）
□ 水2杯（400毫升）
□ 乾香菇2朵
□ 海帶5×5公分，1片

1

將蔬菜高湯的製作材料放入鍋中，大火煮沸後取出海帶，轉小火煮10分鐘，熄火後撈出香菇。

2

豆腐縱切成兩半後，切成厚1.5公分的厚片，兩面撒鹽，放在廚房紙巾上。10分鐘後以廚房紙巾吸乾水分。

3

杏鮑菇先切成4等分，再切成厚0.5公分的薄片。鮮香菇去除菌柄，切成厚0.5公分的薄片。水芹摘除爛葉，切成長5公分的小段。

4

將一個有深度的鍋子燒熱後倒入炒菜用油，放入豆腐，開中火，兩面各煎2分30秒，煎至兩面金黃即熄火盛盤。

5

步驟④的鍋子以廚房紙巾擦乾淨，再次燒熱，加入蘇子油，倒入鮮香菇、杏鮑菇、湯用醬油，以中火拌炒1分鐘。

6

倒入步驟①的蔬菜高湯（1杯），煮沸後加入蘇子粉和步驟④的豆腐，煮30秒，最後加入水芹煮30秒，熄火即可盛盤上桌。

豆腐、年糕、蔬菜高湯配搭辣味醬料，
製成了這一道辣味燉豆腐年糕。
這道料理不但是孩子們的健康零食，也是大人們很好的下酒菜。
為了維持蔬菜的清脆口感，只要在最後放入蔬菜稍微拌炒一下即可。

辣味燉豆腐年糕

料理時間：40至45分鐘
食材：2至3人份
一人份熱量：299大卡
□ 豆腐（大盒板豆腐）1/2盒
　（150公克）
□ 鹽少許（豆腐基本調味）
□ 韓式年糕條30公分（200公克）
□ 高麗菜葉2片（60公克）
□ 青辣椒1根

□ 紅辣椒1/2根（可省略）
□ 栗子仁1顆（可省略）
□ 炒菜用油（食用油1大匙
　＋蘇子油1小匙）
□ 白芝麻少許（可省略）
蔬菜高湯
（完成量2杯，400毫升）
□ 水3杯（600毫升）
□ 乾香菇2朵

□ 海帶5×5公分，1片
醬汁
□ 辣椒粉2大匙
□ 韓式湯用醬油2大匙
□ 麥芽糖漿（或果糖、
　寡糖）2大匙
□ 白芝麻1/2小匙
□ 辣椒醬1小匙
□ 芝麻油1小匙

1

將蔬菜高湯的製作材料放入鍋中，大火煮沸後取出海帶，轉小火煮10分鐘，熄火後撈出香菇。

2

豆腐切縱切成兩半後，切成厚1.5公分的厚片，兩面撒鹽，放在廚房紙巾上。10分鐘後以廚房紙巾吸乾水分。年糕條斜切成一口大小。

3

高麗菜切成3×4公分的小片。青、紅辣椒斜切成大圈。步驟①的香菇瀝乾水分後去除菌柄，切成厚0.5公分的薄片。栗子仁切片。

4

將醬汁的製作材料放入碗中，混合均勻製成醬汁。

5

取一個有深度的鍋子，熱鍋後倒入炒菜用油，放入豆腐，開中火，豆腐兩面各煎2分30秒，煎至兩面呈金黃色即熄火盛盤。

6

步驟⑤的鍋子以廚房紙巾擦乾淨，再次燒熱，倒入步驟①的蔬菜高湯（2杯）、醬汁和年糕條，以大火煮沸，煮沸後持續煮2分鐘，加入豆腐後再煮3分鐘。烹煮期間要不停攪拌，避免食物沾鍋。

7

加入香菇，以中火拌煮1分30秒，加入青、紅辣椒和栗子仁再煮1分鐘，熄火。最後撒上白芝麻即完成。

將香醇的豆腐和各色甜椒切碎後，
以高麗菜葉包捲起來，搭配香濃的大醬一起食用。
高麗菜入鍋蒸的時間如果過長，會軟爛扁塌；
蒸的時間過短，則會太硬捲不起來，請務必遵循食譜的料理時間操作。

蒸豆腐彩椒高麗菜捲

料理時間：35至40分鐘
食材：2至3人份
一人份熱量：86大卡
☐ 高麗菜葉5片（150公克）
☐ 蘇子葉5片
☐ 豆腐（大盒板豆腐）1/2盒
　（150公克）

☐ 甜椒1/6個（30公克，
　　紅、黃、綠各10公克）
☐ 水芹10根（20公克）
豆腐醬汁
☐ 白芝麻1小匙
☐ 炒鹽（或竹鹽）1/4小匙
☐ 芝麻油1小匙

特調大醬
☐ 馬鈴薯1/4顆（50公克）
☐ 蔬菜高湯1/2杯（100毫升）
　★蔬菜高湯的製作方法請見
　　P.28
☐ 大醬1大匙

1

蘇子葉以流水洗淨，去掉葉柄，瀝乾水分。高麗菜在熱氣蒸騰的蒸鍋中蒸6分鐘後取出放涼。

2

製作特調大醬的馬鈴薯以削皮刀削皮後切碎。各色甜椒切碎。水芹摘掉葉子。

3

在鍋中倒入蔬菜高湯（1/2杯）和大醬，以大火煮沸後加入步驟②的馬鈴薯泥煮3分鐘，湯汁呈現糊狀即熄火，製成特調大醬。

4

鍋中注水（3杯），水滾後放入豆腐，煮3分鐘即撈出瀝乾放涼。同一鍋水放入水芹和鹽1/2小匙，30秒後即撈出水芹沖涼水，瀝乾水分。

5

步驟④的豆腐以棉布包裹擠乾水分後放入碗中，加入甜椒和豆腐醬汁的材料，拌勻碗中的所有食材。

6

取一片蒸好的高麗菜葉，在葉面上放一片蘇子葉，再放上1/5分量步驟⑤的調味豆腐。葉子由下往上捲，捲好後以水芹綁緊，即製成高麗菜捲。請以相同的步驟完成所有高麗菜捲。

7

在熱氣蒸騰的蒸鍋中鋪上棉布，放上步驟⑥捲好的高麗菜捲，蓋上鍋蓋，以大火蒸1分鐘。熄火盛盤後，搭配特調大醬食用。

蒸茄子鑲薯泥
蒸櫛瓜鑲地瓜泥

櫛瓜內夾著地瓜泥，隱隱透出蔬菜的清甜味，
加上核桃後美味升級！大部分的孩子都會喜歡！
如果以馬鈴薯代替地瓜，甜味會淡一些，喜歡清淡口味者不妨試試。

蒸櫛瓜鑲地瓜泥

料理時間：40至45分鐘
食材：2至3人份
一人份熱量：78大卡

□ 櫛瓜1/2條（140公克）
□ 鹽少許（醃櫛瓜用）
□ 地瓜1/2個（100公克）

□ 核桃2顆（10公克）
□ 炒鹽（或竹鹽）1/3小匙
□ 芝麻油1/2小匙

1

櫛瓜縱切成兩半後，切成厚
1公分的厚片。每一片櫛瓜的
中間切一刀，底部留下0.5公
分不要切斷，並於切口中撒鹽
醃10分鐘。

2

地瓜以削皮刀削皮後，切成
厚1.5公分的大塊。核桃在廚
房紙巾上切碎。

3

將地瓜放入鍋中，加水，水量
以蓋過地瓜為原則。開大火
煮沸後轉中火，煮10分鐘即
熄火。

4
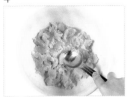
將煮熟的地瓜放在碗中，以
湯匙壓碎後加入炒鹽和芝麻
油拌勻調味。

5

在步驟①的櫛瓜中填入步驟
④的地瓜泥，以筷子將櫛瓜
中的地瓜泥壓實。

6
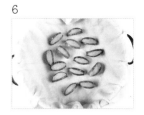
在熱氣蒸騰的蒸鍋中鋪上棉
布，放上步驟⑤的成品，蓋上
鍋蓋，以大火蒸5分鐘。熄火
後盛盤，撒上核桃碎片後即
可食用。

＊以馬鈴薯代替地瓜
　如果要以馬鈴薯代替地
　瓜，步驟③水煮的時間
　要改為15分鐘。

＊請注意！
　步驟⑥蒸櫛瓜時，蒸煮
　時間以5分鐘為最佳，
　如果超過5分鐘，櫛瓜
　會過軟而影響口感。

蒸茄子鑲薯泥

這是一道口感較為清淡的料理。在茄子內鑲入馬鈴薯泥和蔬菜，
所有食材一起入鍋蒸熟，最後加上微辛的芥末醬料，
完成後模樣漂亮，很適合招待客人。
為了保有茄子的口感，請遵循食譜中的料理時間。

料理時間：40至45分鐘
食材：2至3人份
一人份熱量：102大卡
☐ 馬鈴薯1顆（200公克）
☐ 茄子2根（300公克）
☐ 鹽少許（醃茄子用）
☐ 水芹6根（12公克）

☐ 胡蘿蔔1/10根（20公克）
☐ 青辣椒1/2根（可省略）
☐ 紅辣椒1/2根（可省略）
☐ 香菇1/2朵（10公克）
☐ 韓式湯用醬油1/4小匙
☐ 炒鹽（或竹鹽）1/3小匙

芥末醬料
☐ 醋2大匙
☐ 麥芽糖漿（或果糖、寡糖）
　2大匙
☐ 韓式釀造醬油1小匙
☐ 芥末醬1小匙

1

馬鈴薯洗淨、削皮後，以磨泥器或食物調理機磨碎。以棉布包裹磨碎的馬鈴薯，擠出水分。擠出的水請收集起來，靜置20分鐘等待澱粉沉澱。澱粉沉澱後倒掉水分，將澱粉加入擠乾水分的馬鈴薯中，再加入少許的鹽，揉成團。★馬鈴薯團的製作方法請見P.22。

2

茄子切成長4公分的大段，段面上切十字，深約2.5公分。在茄子的十字切口中間撒鹽，靜置醃10分鐘。將水芹放入煮滾的鹽水（水4杯＋鹽1/2小匙）中燙30秒，取出沖冷水冷卻後瀝乾水分。

3

胡蘿蔔、青辣椒、紅辣椒、香菇切末，紅辣椒沖一次冷水洗淨後瀝乾。在碗中將芥末醬料的製作材料混合均勻。★沖洗紅辣椒的紅色的水要充分瀝乾，不要混進馬鈴薯團中。

4

取一個大碗，放入步驟①的馬鈴薯、胡蘿蔔、青辣椒、紅辣椒、香菇、湯用醬油、炒鹽，所有食材攪拌均勻製成餡料。

5

在步驟②的茄子中填入步驟④的餡料，以筷子壓實餡料，確認填滿縫隙後，以水芹綁緊。

6

在熱氣蒸騰的蒸鍋中鋪上棉布，放入步驟⑤的成品，蓋上鍋蓋，以大火蒸7分鐘。熄火後盛盤，搭配芥末醬料食用。

＊不同風味的蒸茄子
除了馬鈴薯之外，也可使用地瓜或蓮藕200公克來製作餡料。將地瓜放入鍋中，加入蓋過地瓜的水，以大火煮沸後轉中火煮10分鐘，熄火撈起，以湯匙壓碎後填入茄子中；蓮藕剁碎後以棉布包裹擠出水分，再以少許鹽調味後即可填入茄子中。

鮮菇鑲牛蒡
蒸蘿蔔杏鮑菇

蒸蘿蔔杏鮑菇

利用杏鮑菇和白蘿蔔製作這一道清淡、口感十足的料理。
將白蘿蔔小心地夾入杏鮑菇，以蔬菜高湯煮熟後，
高湯中就會含有杏鮑菇和白蘿蔔釋放的精華，別忘了連湯一起食用唷！

料理時間：20至25分鐘
食材：2人份
一人份熱量：19大卡
□ 迷你杏鮑菇10個（60公克）
□ 白蘿蔔直徑10公分×厚0.5公
　分，1片（50公克）

□ 炒鹽（或竹鹽）1/3小匙
□ 芝麻油1/2小匙
□ 韓式湯用醬油1/2小匙

蔬菜高湯
（完成量1/2杯，100毫升）
□ 水1又1/2杯（300毫升）
□ 乾香菇2朵
□ 海帶5×5公分，1片

1
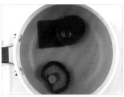
將蔬菜高湯的製作材料放入
鍋中，以大火煮沸後取出海
帶，轉小火煮10分鐘，熄火
後撈出香菇。

2

迷你杏鮑菇切除根部後，從
底部縱切十字，保留1公分不
切斷。

3

白蘿蔔去皮，切成長3公分的
細長條。

4

將白蘿蔔絲、炒鹽和芝麻油
放入碗中拌勻。

5

將步驟④的白蘿蔔絲作為餡
料，填入步驟②的迷你杏鮑
菇中，以筷子壓緊餡料。

6

在步驟①的蔬菜高湯中加入湯
用醬油和步驟⑤的成品。先以
大火煮沸，轉小火蓋上鍋蓋，
煮5分鐘，熄火即完成。

＊也可使用一般杏鮑菇
若不容易買到迷你杏鮑
菇，也可以4個普通大
小的杏鮑菇來代替食
譜中的10個迷你杏鮑
菇。依照相同的方式製
作即可。

香菇和蘑菇的菌傘盛滿了富含纖維質的牛蒡，
製成了這一道很健康的料理。「蒸煮」是寺院飲食中為了
避免破壞食材營養素常用的烹煮方法。
鮮菇鑲牛蒡的口感柔軟，味道清爽，
適合搭配微辣的辣椒醬料或微辛的芥末醬料。

鮮菇鑲牛蒡

料理時間：25至30分鐘
食材：2至3人份
一人份熱量：97大卡

☐ 牛蒡直徑2公分×長度10
　公分，2段（50公克）
☐ 香菇4朵（100公克）
☐ 蘑菇4朵（80公克）

☐ 切末的青花菜1大匙
　（10公克，可省略）
☐ 切末的胡蘿蔔1大匙
　（10公克，可省略）
☐ 豆腐（小盒板豆腐）1/2盒
　（100公克）
☐ 炒鹽（或竹鹽）1/3小匙

☐ 芝麻油1/2小匙
☐ 太白粉1大匙
特調辣椒醬
☐ 砂糖1/2大匙
☐ 醋1/2大匙
☐ 辣椒醬1大匙
☐ 芝麻油1/2大匙

1

牛蒡以刀背去皮，以流水洗
淨，放入食物調理機攪碎。
★牛蒡的處理方法請見P.20。

2

香菇和蘑菇去除菌柄。青花
菜和胡蘿蔔切末。

3

豆腐以刀面壓碎，放入棉布
包裹起來，擠出水分。將特調
辣椒醬的製作材料放入小碗
中，攪拌均勻。★豆腐壓碎的
方法請見P.24。

4

在碗中放入牛蒡、豆腐、青花
菜、胡蘿蔔、炒鹽和芝麻油，
拌勻製成餡料。

5

香菇和蘑菇的菌傘內側先均
勻塗抹太白粉，再將步驟④
混合好的餡料填入菌傘內
側。將餡料壓實後，撒上一層
太白粉。

6

在熱氣蒸騰的蒸鍋中鋪上棉
布，放入步驟⑤的成品，蓋上
鍋蓋，以大火蒸6分鐘。熄火
盛盤，搭配特調辣椒醬食用。

＊芥末醬料也很對口！
除了搭配辣椒醬料之
外，也可搭配芥末醬料
食用。準備梨子（或
蘋果）1/8顆（80公
克）、砂糖1大匙、醋
2大匙、檸檬汁3大匙
（1/2顆）、炒鹽（或
竹鹽）1/2小匙、芥末
醬1小匙，所有材料放
入食物調理機或果汁機
攪打均勻即完成。

蒸彩椒

蒸山藥銀杏

89

蒸彩椒

爽口的紅、黃甜椒中填入清甜的馬鈴薯泥與地瓜泥，
成品像蘋果一樣，模樣相當可愛。鮮豔的顏色很吸引孩子們，
適合作為零食，也很適合用來招待客人。
放在最上層的山藥泥，也可以切碎的蓮藕代替。

料理時間：25至30分鐘
食材：2至3人份
一人份熱量：88大卡

☐ 地瓜1/2個（100公克）
☐ 馬鈴薯1/2個（100公克）
☐ 紅色甜椒1/3個（70公克）

☐ 黃色甜椒1/3個（70公克）
☐ 青椒1/3個（70公克）
☐ 山藥直徑5公分×長2.5公分，1塊（50公克）
☐ 炒鹽（或竹鹽）少許（山藥基本調味）

☐ 芝麻油少許（山藥基本調味）
☐ 炒鹽（或竹鹽）1/3小匙
☐ 芝麻油1/2小匙
☐ 黑芝麻少許（可省略）

1

地瓜和馬鈴薯分別以削皮刀削皮，切成厚1.5公分的大塊，放入鍋中。鍋中加水，水量須蓋過地瓜和馬鈴薯，大火煮沸後轉中火煮10分鐘，熄火取出。

2

甜椒和青椒留住蒂頭，去籽後縱向對切。

3

山藥在流水下將殘留的泥土洗淨，削皮後再以流水清洗1次。
★建議戴上料理手套處理。

4

山藥瀝乾後，以磨泥器或食物調理機處理成泥狀，加入炒鹽和芝麻油拌勻。

5

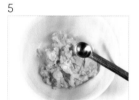

將煮熟的地瓜和馬鈴薯放入碗中，以湯匙壓碎，加入炒鹽1/3小匙和芝麻油1/2小匙拌勻，製成餡料。

6

將步驟⑤的餡料填入甜椒和青椒中，以湯匙壓緊塑型後，將步驟④的山藥泥加在最上層。

7

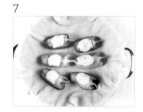

在熱氣蒸騰的蒸鍋中鋪上棉布，放入步驟⑥的成品，蓋上鍋蓋，以大火蒸3分鐘。熄火盛盤，最後撒上黑芝麻即完成。

山藥富含膳食纖維、鈣、維生素C等營養素，
其中的黏蛋白能夠保護胃道黏膜，有助於改善消化不良。
有些人不喜歡山藥黏黏的口感，
而這道料理則是把山藥變得柔軟可口，很值得嘗試看看。

蒸山藥銀杏

料理時間：30至35分鐘
食材：2至3人份
一人份熱量：37大卡

- □ 山藥直徑5公分×長5公分，1塊（100公克）
- □ 炒鹽（或竹鹽）1/3小匙
- □ 芝麻油1/2小匙
- □ 銀杏4顆
- □ 香菇1/5朵（5公克）
- □ 紅棗1顆（可省略）
- □ 松子1大匙
- □ 食用油1小匙

1

山藥在流水下將殘留的泥土洗淨，削皮後再以流水清洗1次。
★建議戴上料理手套處理。

2

山藥瀝乾後，以磨泥器或食物調理機處理成泥狀，加入炒鹽和芝麻油拌勻。

3

以廚房紙巾將銀杏擦乾。熱鍋倒入食用油，放入銀杏，以小火炒5分鐘，熄火。銀杏炒好後，以廚房紙巾搓揉去皮。

4

香菇去除菌柄後切末。紅棗去核，果肉切末。步驟③的銀杏對半切。

5

在耐熱的容器中放入步驟②的山藥泥，撒上銀杏、香菇、紅棗、松子，以保鮮膜封口。

6

在熱氣蒸騰的蒸鍋中鋪上棉布，放入步驟⑤的成品，蓋上鍋蓋，以大火蒸15至20分鐘，熄火即完成。

＊山藥的處理方法

　處理山藥可能會讓雙手發癢，建議戴著料理手套操作。如果不慎發癢，可將醋加水稀釋後清洗雙手。山藥削皮後，如果沒有立即食用，必須以醋水（水3杯＋醋1小匙）浸泡，防止產生褐變而降低脆度。

一櫛瓜四方餃

一白菜捲

93

櫛瓜四方餃

＋辣椒醬汁

四方形的餃子浮在水面上，就像是一張張浮在水面的紙片，
因而又名「片水」，是一種以蔬菜作為餡料的餃子。
櫛瓜餃子可趁熱吃，也可在夏天搭配涼爽的湯品一起食用。

料理時間：40至45分鐘
食材：2至3人份
一人份熱量：378大卡
- □ 水餃皮直徑10公分，9片
- □ 乾香菇3朵
- □ 綠豆芽1把（50公克）
- □ 豆腐（大盒板豆腐）1/2
  盒（150公克）

- □ 櫛瓜1條（280公克）

香菇漬醬
- □ 韓式湯用醬油1/2小匙
- □ 芝麻油1/2小匙

櫛瓜・綠豆芽漬醬
- □ 炒鹽（或竹鹽）1/3小匙
- □ 芝麻油1/2小匙

辣椒醬汁
- □ 紅辣椒1/4根，切末
- □ 青辣椒1/4根，切末
- □ 砂糖2/3大匙
- □ 醋1大匙
- □ 韓式釀造醬油1大匙

1

將辣椒醬汁的製作材料放入小碗中，混合均勻製成醬汁。乾香菇以溫水（熱水1又1/2杯＋冷水1又1/2杯）浸泡20分鐘。

2

綠豆芽在滾水（4杯）中燙1分30秒後撈起，泡冷水降溫後瀝乾水分，鍋中的水不要倒掉。豆腐放入同一鍋水中，煮3分鐘後撈出，以棉布包裹擠出水分。

3

櫛瓜切成長5公分、寬0.5公分的細條。綠豆芽切成長2公分的小段。香菇擠乾水分後去除菌柄，切成厚0.3公分的薄片。

4

在小碗中將香菇和香菇漬醬的材料拌勻。櫛瓜、綠豆芽放入另一個碗中，與櫛瓜・綠豆芽漬醬的材料拌勻。取一個大碗，將豆腐、香菇、櫛瓜和綠豆芽全數放入，攪拌均勻製成餡料。

5

水餃皮中央放上1又1/2大匙步驟④完成的餡料，在水餃皮的邊緣抹一些水，往內摺。如圖所示，包成四角形。

6

在熱氣蒸騰的蒸鍋中鋪上棉布，放入步驟⑤包好的餃子，蓋上鍋蓋，以大火蒸10分鐘。熄火盛盤，蘸取辣椒醬汁即可食用。

＊搭配清涼的湯品一起
食用

製作蔬菜高湯，並置於冷藏室降溫1小時，櫛瓜餃子盛盤後可加入冰涼的蔬菜高湯，成為一道適合夏天食用的清涼料理。★蔬菜高湯的製作方法請見P.28。

以白菜代替水餃皮包入餡料，味道清爽又含有豐富的纖維質，
加上香濃的大醬醬汁，成為一道讓人感到舒服的料理。
餡料中如果加入松子和切碎的堅果，風味會更香醇。

白菜捲 ＋大醬醬汁

料理時間：40至45分鐘
（＋白菜醃漬約1小時）
食材：2至3人份
一人份熱量：165大卡

- □ 白菜葉8至10片
　　（300公克）
- □ 韓國粉絲1/3把（30公克）
- □ 乾香菇1朵
- □ 綠豆芽1/2把（25公克）
- □ 豆腐（小盒板豆腐）1/2盒
　　（90公克）
- □ 菠菜1/2把（25公克）
- □ 胡蘿蔔1/20根
　　（10公克，可省略）
- □ 花生1又1/2大匙（15公克）
- □ 太白粉4大匙
- □ 炒鹽（或竹鹽）1/2小匙
- □ 芝麻油1/2小匙
- □ 胡椒粉少許

大醬醬汁
- □ 砂糖1又1/2大匙
- □ 梨子（切碎；或水）1大匙
　　（10公克）
- □ 蔬菜高湯（或水）2又1/2
　　大匙
　　★蔬菜高湯的製作方法
　　　請見P.28
- □ 醋1大匙
- □ 麥芽糖漿（或果糖、寡
　　糖）1小匙
- □ 大醬2小匙
- □ 辣椒醬1/2小匙
- □ 芝麻油1/2小匙

1

白菜葉以鹽水（水1/2杯＋鹽3大匙）泡1小時後，以冷水洗淨後瀝乾水分。韓國粉絲以水浸泡30分鐘。乾香菇以溫水（熱水1又1/2杯＋冷水1又1/2杯）浸泡20分鐘。

2

綠豆芽放入滾水燙1分鐘後撈起，泡冷水冷卻後瀝乾。同一鍋水中放入韓國粉絲，煮5分鐘後撈起，泡冷水冷卻後瀝乾，鍋中的水不要倒掉。

3

菠菜放入步驟②使用的鍋中，燙3分鐘後撈起瀝乾。同一鍋水中加入1/2小匙的鹽，放入豆腐煮30秒後撈起，泡冷水冷卻後瀝乾。

4

菠菜、韓國粉絲和綠豆芽都切成長3公分的小段。胡蘿蔔、香菇和花生切末。豆腐以刀面壓碎後，以棉布包裹擠出水分。★豆腐壓碎的方法請見P.24。

5

在大碗中放入韓國粉絲、綠豆芽、菠菜、香菇、胡蘿蔔、花生和豆腐，加入炒鹽、芝麻油和胡椒粉後攪拌均勻，製成餡料。在小碗中將大醬醬汁的製作材料拌勻。

6

白菜葉的內側均勻塗抹太白粉，在葉片較厚的地方放上2大匙步驟⑤拌好的餡料，捲好後再次裹上太白粉。剩下的白菜葉依照相同方法製成白菜捲。

7

在熱氣蒸騰的蒸鍋中鋪上棉布，放入步驟⑥捲好的白菜捲，蓋上鍋蓋，以大火蒸6至7分鐘。熄火盛盤，蘸取大醬醬汁即可食用。

一東風菜豆腐圓餃

馬鈴薯蒸餃

+辣椒醬汁

馬鈴薯蒸餃製作方法相當簡單，不但營養豐富，
還有馬鈴薯清淡迷人的香氣。以炒鹽和芝麻油簡單調味製成內餡，
搭配辣椒醬汁非常合味，是一道連孩子們也會很喜歡的營養料理。

料理時間：35至40分鐘
食材：2至3人份
一人份熱量：176大卡

□ 水餃皮直徑8公分，8片
□ 馬鈴薯2顆（400公克）
□ 炒鹽（或竹鹽）1/2小匙
□ 芝麻油1/2小匙

辣椒醬汁

□ 紅辣椒1/4根，切末
□ 青辣椒1/4根，切末
□ 砂糖2/3大匙
□ 醋1大匙
□ 韓式釀造醬油1大匙

1

馬鈴薯磨成泥後，以棉布包
裹擠出水分。擠出的水不要
倒掉，靜置20分鐘。

2

將辣椒醬汁的製作材料放入
小碗中，攪拌均勻製成沾醬。

3

將步驟①水中沉澱的澱粉和
棉布中的馬鈴薯拌勻。

4

步驟③的薯泥放入碗中，加
入炒鹽和芝麻油調味，製成
餡料。

5

水餃皮中央放上1/8分量（20
公克）步驟④的餡料。在水餃
皮的邊緣抹一些水，對摺後
兩側內摺，包成圖中的形狀。

6

在熱氣蒸騰的蒸鍋中鋪上棉
布，放入步驟⑤包好的馬鈴
薯餃子，蓋上鍋蓋，以大火蒸
10分鐘。熄火盛盤，蘸取辣
椒醬汁即可食用。

＊變化馬鈴薯餃的口味
製作蔬菜高湯時，可將
取出的1朵香菇切末，
與2大匙切碎的堅果
（核桃、花生、杏仁
等）一起加入馬鈴薯餡
料中，相當好吃。

98

不使用水餃皮，而是將餡料揉成圓球後蒸熟，放入湯底食用。
圓餃會隱隱透出野菜香和豆腐的清香。春天可使用新鮮的野菜，
冬天可使用乾燥野菜，試著製作出各式各樣的圓餃吧！

東風菜豆腐圓餃

料理時間：25至30分鐘
（＋處理東風菜1小時）
食材：2人份
一人份熱量：79大卡

□ 泡發的東風菜24公克
（乾東風菜6公克，浸泡6小時）

□ 豆腐（大盒板豆腐）1/2盒
（150公克）
□ 炒鹽（或竹鹽）少許
□ 芝麻油少許
□ 太白粉1大匙
□ 韓式湯用醬油1小匙

蔬菜高湯
（完成量2杯，400毫升）
□ 水3杯（600毫升）
□ 乾香菇2朵
□ 海帶5×5公分，1片

1

東風菜沖洗後放入水（4杯）
中，以大火煮滾後轉中火，煮
20至30分鐘後熄火。★東風
菜的處理方法請見P.20。

2

東風菜撈出瀝乾，以冷水沖
洗2至3次，放入冷水中浸泡
30分鐘。先剪掉東風菜莖較
硬的部分，再剪成長3公分的
小段。

3

將蔬菜高湯的製作材料放入
鍋中，以大火煮沸後取出海
帶，轉小火煮10分鐘，熄火
後撈出香菇。

4

豆腐在滾水（4杯）中煮3分
鐘後熄火撈出，冷卻後以棉
布包裹擠出水分。

5

在大碗中將東風菜、豆腐、炒
鹽和芝麻油攪拌均勻，逐一
搓成直徑約3公分的圓球，並
裹上太白粉。

6

在熱氣蒸騰的蒸鍋中鋪上棉
布，放入步驟⑤搓好的圓餃，
蓋上鍋蓋，以大火蒸5分鐘即
可熄火。

7

在煮鍋中倒入步驟③的蔬菜
高湯（2杯）和湯用醬油，煮
沸後熄火。圓餃蒸好後盛入
碗中，倒入調味後的蔬菜高
湯即可食用。

焗烤豆漿南瓜

焗烤艾草蓮藕

蓮藕是蓮花的塊莖，一般生長在淺水池中的土壤中，
有時也會生長在較深的水田裡。富含維生素C和多酚類的抗酸化物質。
如果小孩子平時不喜歡吃蓮藕，可讓他們試試這一道焗烤蓮藕。

料理時間：35至40分鐘 食材：2至3人份 一人份熱量：124大卡 □ 豆腐（小盒板豆腐）1/2盒 　（100公克） □ 艾草1把（50公克）	□ 蓮藕直徑4公分×長10公 　分，1段（200公克） □ 香菇2朵（50公克） □ 青椒少許（可省略） □ 紅色甜椒少許（可省略） □ 炒鹽（或竹鹽）1/2小匙	□ 芝麻油1小匙 □ 山藥直徑5公分×長5公 　分，1塊（100公克） □ 炒鹽（或竹鹽）少許 　（山藥基本調味）

1

豆腐在滾水（3杯）中煮3分鐘，撈出後瀝乾水分。同一鍋水中加入1/2小匙的鹽，放入艾草煮30秒後撈起，泡冷水後瀝乾。★將步驟⑥要使用的烤箱預熱至180℃。

2

蓮藕以削皮刀削皮後，切下2/3的分量，以食物調理機或磨泥器磨成泥。剩下的1/3切碎。★蓮藕如果全部磨成泥狀，口感會更加柔軟滑順。

3

香菇去除菌柄，切成0.5公分的小丁。艾草切成長1公分的小段。豆腐以棉布包裹擠出水分。青椒、甜椒切末。

4

在碗中放入豆腐、蓮藕、香菇、艾草和炒鹽、芝麻油，攪拌均勻。

5

山藥以削皮刀削皮後，以食物調理機或磨泥器磨成泥，加入少許炒鹽調味。★山藥的黏液會讓皮膚發癢，請戴料理手套操作。

6

在耐熱容器中放入步驟④拌好的食材，上層鋪上步驟⑤的山藥泥，放入已預熱至180℃的烤箱中，烤10至15分鐘，表面呈金黃色後取出，最後撒上切末的青椒、甜椒即完成。

*以其他蔬菜代替艾草
如果沒有艾草，可使用東風菜、短果茴芹或山薊菜（50公克）。

這一道料理使用了山藥和南瓜，營養豐富且熱量不高。
焗烤南瓜的甜味加上豆漿的香醇，就連小孩子也會非常喜歡。
如果不排斥食用奶製品，也可以牛奶代替豆漿，
以披薩起司代替山藥來製作。

焗烤豆漿南瓜

料理時間：35至40分鐘
食材：2至3人份
一人份熱量：254大卡

□ 南瓜1/3顆（300公克）
□ 青椒1/2個（50公克）
□ 紅色甜椒1/2個（50公克）
□ 香菇2朵（50公克）
□ 麵粉3大匙（15公克）
□ 食用油2大匙
□ 豆漿1又1/2杯（300毫升）
□ 炒鹽（或竹鹽）1/2小匙
□ 山藥直徑5公分×長5公分，1
塊（100公克）
□ 炒鹽（或竹鹽）少許（山藥
基本調味）

1

南瓜去皮去籽，切成厚0.3公
分的薄片。青椒、紅色甜椒
切成寬1公分的長條。香菇去
除菌柄，切成厚0.5公分的薄
片。★將步驟⑥要使用的烤
箱預熱至180℃。.

2

在熱鍋中倒入麵粉，以中火
炒1分鐘後加入食用油1大
匙，轉小火，以鍋鏟拌勻，持
續拌炒2分鐘後盛盤備用。

3

步驟②使用的鍋子擦乾淨後
再次燒熱，加入1大匙的食用
油，放入南瓜，以大火拌炒2
分鐘。

4

加入青椒、甜椒、香菇、豆漿
和步驟②的麵糊，以鍋鏟拌
炒1分鐘後熄火。加入1/2小
匙的炒鹽拌勻。

5

山藥以削皮刀削皮後，以磨
泥器或食物調理機磨成泥，
加入少許炒鹽調味。★山藥
黏液會讓皮膚發癢，請戴料
理手套操作。

6

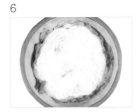

在耐熱容器中放入步驟④拌
炒好的食材，上層鋪上步驟
⑤的山藥泥，放入已預熱至
180℃的烤箱中，烤10至15分
鐘，表面呈金黃色後取出即
完成。

糖醋蓮藕豆腐結合了蓮藕的清脆和豆腐的軟嫩，
加上蘋果和梅釀製成的醬料，香氣和風味都十分豐富。
胡蘿蔔和甜椒的口感爽脆，
讓這一道糖醋料理即使沒有肉，也相當好吃。

糖醋蓮藕豆腐
＋蘋果醬

料理時間：40至45分鐘
食材：2至3人份
一人份熱量：499大卡

□ 蓮藕直徑4公分×長20公
　分，1段（400公克）
□ 豆腐（小盒板豆腐）1/2盒
　（100公克）
□ 鹽少許（醃豆腐用）
□ 太白粉5大匙

□ 食用油3杯（600毫升，油炸用）
麵衣
□ 麵粉1/2杯（50公克）
□ 太白粉1/2杯（50公克）
□ 水1杯（200毫升）
□ 炒鹽（或竹鹽）1小匙
蘋果醬
□ 蘋果1/2顆（100公克）
□ 青椒1/3個（30公克）

□ 紅色甜椒1/3個（30公克）
□ 胡蘿蔔1/5根（40公克）
□ 水3/4杯（150毫升）
□ 韓式湯用醬油1/2大匙
□ 梅釀6大匙
□ 食用油1大匙
芡汁
□ 太白粉1大匙
□ 水1大匙

1

豆腐切成2公分的大丁，兩面
撒鹽，放在廚房紙巾上，10分
鐘後以廚房紙巾吸乾水分。

2

蓮藕削皮後縱切成4至6等
分，再切成三角形。製作蘋果
醬的青椒和甜椒去籽，切成
邊長約2公分的三角形。胡蘿
蔔縱切成兩半，再切成厚0.3
公分的薄片。

3

蘋果磨成泥，加入水（3/4
杯）、湯用醬油、梅釀，均勻
攪拌。將芡汁的材料放入小
碗中攪拌均勻。將麵衣的材
料放入大碗中攪拌均勻。

4

在保鮮袋中放入太白粉，將
蓮藕分次放入輕輕搖晃，使
蓮藕均勻裹上太白粉。豆腐
也以同樣的方法裹粉。

5

將步驟④裹上太白粉的蓮藕
和豆腐放入麵衣中，以筷子
攪拌均勻。

6

將食用油倒入小鍋子，加熱
至180℃（放入麵衣時沸騰
稍停，接著會再次沸騰的程
度）。放入裹上麵衣的蓮藕炸
3分鐘，豆腐炸2分鐘。炸好
的食材撈起後置於廚房紙巾
上吸油。

7

另起熱鍋，加入食用油1大
匙，放入甜椒及胡蘿蔔，以大
火炒30秒，加入步驟③的調味
蘋果泥，沸騰後再煮1分鐘，
加入芡汁（加入前再次攪拌均
勻）煮30秒即熄火，製成蘋果
醬。最後將蘋果醬淋在盛盤的
蓮藕和豆腐上即完成。

將甜甜的南瓜和香醇的豆腐捏成圓滾滾的小球，放入油鍋中油炸，
再淋上微甜的豆漿醬汁，製成這一道可口料理。
口感柔軟、滋味香甜，是一道很受孩子歡迎的特別料理。

豆漿南瓜球

料理時間：30至35分鐘
食材：2至3人份
一人份熱量：283大卡

☐ 南瓜1/3顆（300公克）
☐ 豆腐（小盒板豆腐）1/2盒
　（100公克）
☐ 胡蘿蔔切末1大匙
　（10公克）

☐ 太白粉5大匙
☐ 炒鹽（或竹鹽）1/3小匙
☐ 食用油3杯
　（600毫升，油炸用）

豆漿醬汁
☐ 黃豆（浸泡6小時）
　1/4杯（50公克）
☐ 水3/4杯（150毫升）

☐ 砂糖2大匙
☐ 炒鹽（或竹鹽）1小匙

芡汁
☐ 太白粉1大匙
☐ 水1大匙

1

南瓜去皮去籽，切成厚1公分
的厚片。豆腐在滾水（4杯）
中煮3分鐘，撈出後以棉布包
裹擠乾水分。

2
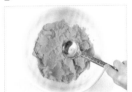

南瓜放入熱氣蒸騰的蒸鍋中，
以中火蒸10分鐘後取出，以湯
匙壓成泥。

3

在大碗中放入南瓜、胡蘿蔔、
豆腐、太白粉、炒鹽，拌勻後
揉成數個直徑2公分的小球。
★南瓜水分較多時，太白粉
要多加一些。

4

將食用油倒入鍋子中，加熱
至180℃（放入南瓜球時沸騰
稍停，接著會再次沸騰的程
度）。放入步驟③的南瓜球，
炸2分30秒，撈起後於廚房
紙巾上吸油。

5

將黃豆和水（3/4杯）放入食
物調理機中，打成豆漿。將芡
汁的材料放入小碗中，攪拌
均勻。

6

準備另一個鍋子，在鍋中倒
入豆漿，加入砂糖、炒鹽，以
大火煮沸後轉中火，煮2分鐘
後加入芡汁1大匙（加入前再
次攪拌均勻），煮10秒後即
熄火，製成豆漿醬汁。最後將
醬汁淋在盛盤的南瓜球上即
完成。

﹡以市售豆漿製作豆漿
　醬汁

　如果覺得自己製作豆漿
　太麻煩，可買市售的無
　糖豆漿代替。省略步驟
　⑤，步驟⑥於鍋子中
　倒入1杯的無糖豆漿即
　可。若是使用含糖豆
　漿，只要將豆漿醬汁材
　料中的砂糖省略即可。

乾烹秀珍菇

秀珍菇富含維生素D，可幫助代謝血液中的老舊廢物，
降低膽固醇。炸秀珍菇的嚼勁十足，加上微辣的乾烹醬汁，
成為一道令人食指大動的料理。

乾烹秀珍菇

料理時間：25至30分鐘
食材：2至3人份
一人份熱量：265大卡

- □ 秀珍菇5把（250公克）
- □ 炒鹽（或竹鹽）1/3小匙
  （秀珍菇基本調味）
- □ 太白粉2大匙
- □ 食用油3杯（600毫升）

- □ 辣椒油（或食用油）1大匙

麵衣
- □ 太白粉1/2杯（70公克）
- □ 麵粉1/2杯（50公克）
- □ 水1杯（200毫升）

乾烹醬汁
- □ 青陽辣椒1根，切末
- □ 紅辣椒1根，切末

- □ 砂糖1/2大匙
- □ 蔬菜高湯（或水）1大匙
  ★蔬菜高湯的製作方法請
  見P.28
- □ 醋1大匙
- □ 韓式湯用醬油2大匙

1

秀珍菇切除根部，一枝一枝
撕開，均勻撒鹽調味。

2

在保鮮袋中放入太白粉，將
秀珍菇放入後輕輕搖晃，使
秀珍菇均勻裹上太白粉。

3

在小碗中將乾烹醬汁的製作
材料混合均勻。在大碗中將
麵衣的製作材料攪拌均勻。

4

將秀珍菇放入麵衣中，輕輕
攪拌，使麵衣均勻包覆。

5

將食用油倒入鍋中，燒熱至
180℃（放入麵衣時會產生很
多小氣泡的程度），將裹上麵
衣的秀珍菇分成3等分，分批
下鍋炸2分鐘，撈出後以廚房
紙巾吸油。

6

選擇一個有深度的鍋子加
熱，熱鍋後倒入辣椒油和乾
烹醬汁，以大火煮沸後續煮1
分30秒，加入步驟⑤炸好的
秀珍菇，快速拌炒30秒即熄
火，盛盤後即完成。

糖醋鍋巴

炸鍋巴搭配蔬菜高湯製成的簡單醬汁，
成為這一道不黏膩的清淡料理。
鍋巴會吸收醬汁，建議要上菜前再淋上醬汁。

糖醋鍋巴

料理時間：30至35分鐘
食材：2至3人份
一人份熱量：106大卡

- □ 糯米鍋巴（或一般鍋巴）
  5×10公分，5塊
- □ 竹筍（罐頭）1/6個（25公克）
- □ 胡蘿蔔1/10根（20公克）
- □ 青江菜1株（60公克）
- □ 香菇1朵（25公克）
- □ 乾黑木耳2朵（2公克，泡
  發後20公克）
- □ 食用油3杯（600毫升，炸
  鍋巴用）

芡汁
- □ 太白粉3大匙
- □ 水3大匙

糖醋醬汁
- □ 蔬菜高湯（或水）2又1/2
  杯（500毫升）
  ★蔬菜高湯的製作方法請
  見P.28
- □ 生薑（蒜頭大小）1/2塊
- □ 炒鹽（或竹鹽）1小匙
- □ 韓式湯用醬油2小匙
- □ 梅釀1小匙

1

竹筍切成厚0.5公分的薄片。胡蘿蔔縱切成兩半，再切成厚0.3公分的薄片。

2

青江菜切掉根部，分成4等分。

3

在小碗中將芡汁混合均勻。香菇去除菌柄，切成厚0.5公分的薄片。乾黑木耳以溫水浸泡10分鐘，搓洗乾淨後撈出瀝乾，撕成一口大小。

4

在鍋中加入糖醋醬汁的製作材料，以大火煮沸後撈出生薑，加入竹筍、胡蘿蔔、青江菜、香菇、黑木耳，煮30秒後加入芡汁3大匙（加入前再次攪拌均勻），一邊攪拌一邊煮20秒，熄火即成製成糖醋醬汁。

5

另起一鍋，倒入食用油加溫至200℃（放入糯米鍋巴時會快速浮上來的程度），放入糯米鍋巴，以筷子壓著，防止糯米鍋巴浮出油面，炸10秒。
★鍋巴要在高溫下快速油炸才會酥脆。

6

鍋巴炸好盛在大碗中，將步驟④的糖醋醬汁再次加熱，將醬汁淋在鍋巴上即完成。

* **購買糯米鍋巴**
一些進口食材商店，或中國食材商店都可購買，也可藉由網購取得。

堅果炸香菇丁

將香菇表面炸得酥脆，再裹上梅子辣椒醬，
堅果炸香菇丁就完成了。可將香菇替換成杏鮑菇、秀珍菇或豆腐。
請注意，油炸時如果油溫過低，香菇會吃油而影響口感。

堅果炸香菇丁

料理時間：25至30分鐘
食材：2至3人份
一人份熱量：246大卡

- □ 香菇10朵（250公克）
- □ 炒鹽（或竹鹽）1/3小匙（香菇基本調味）
- □ 太白粉2大匙
- □ 青椒1/4個（25公克），切末

- □ 紅色甜椒1/4個（25公克），切末
- □ 堅果碎片（杏仁片、南瓜籽、葵花籽、核桃碎片等）5大匙
- □ 食用油3杯（600毫升）

麵衣
- □ 太白粉1杯（140公克）
- □ 麵粉1杯（100公克）

- □ 水2杯（400毫升）

梅子辣椒醬
- □ 檸檬汁1大匙
- □ 醋1/2大匙
- □ 梅釀1又1/2大匙
- □ 麥芽糖漿（或果糖、寡糖）1又1/2大匙
- □ 辣椒醬2大匙

1

香菇去除菌柄，切成4至6等分，均勻撒鹽調味。

2

在保鮮袋中放入太白粉，將香菇放入輕輕搖晃，使香菇均勻裹上太白粉。

3

在小碗中將梅子辣椒醬的製作材料混合均勻。在大碗中將麵衣的製作材料攪拌均勻。

4

將香菇放入麵衣中，輕輕攪拌使麵衣均勻包覆。

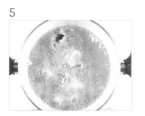

5

在鍋中倒入食用油，加熱至180℃（放入麵衣時會產生很多小氣泡的程度），將步驟④裹好麵衣的香菇分成3等分，分批下鍋炸2分鐘，撈出後以廚房紙巾吸油。

6

另起一鍋，熱鍋後倒入梅子辣椒醬，醬汁冒泡後加入步驟⑤炸好的香菇，快速拌炒30秒即熄火。熄火後加入青椒末、甜椒末和切碎的堅果，拌勻即完成。

＊低辣度的梅子辣椒醬

將辣椒醬的含量減少為1/2至1大匙，梅子辣椒醬的辣度就會降低許多，如此一來就能製作出小孩也能接受的堅果炸香菇丁。

以豆子和豆腐製成的豆腐排口味清淡且香醇，
外皮酥脆、營養豐富。以煎的方式代替油炸，
加上微酸的梅子風味醬，成為一道非常清爽的料理。

油煎豆腐排

料理時間：40至45分鐘
（＋黑豆泡發3小時）
食材：2至3人份
一人份熱量：402大卡

□ 黑豆1杯（130公克）
□ 豆腐（小盒板豆腐）1/2盒（80公克）
□ 馬鈴薯1顆（200公克）
□ 炒鹽（或竹鹽）1/3小匙

□ 麵粉2大匙
□ 麵包粉1杯（50公克）
□ 食用油2大匙

梅子風味醬
□ 香菇1朵（25公克）
□ 蘋果1/4顆（50公克）
□ 水1杯（200毫升）
□ 梅釀6大匙
□ 韓式湯用醬油1小匙

芡汁
□ 太白粉1大匙
□ 水1大匙

裝飾用蔬菜（可省略）
□ 小番茄2顆
□ 迷你杏鮑菇2個
□ 青花菜1/15棵（20公克）
□ 胡蘿蔔1/20根（20公克）
□ 食用油1/2大匙

1

黑豆洗淨，以水（5杯）浸泡3小時後瀝乾，放入滾水（5杯）中煮10分鐘後熄火撈出，瀝乾後以食物調理機或果汁機攪打。

2

豆腐放入滾水（4杯）中煮3分鐘，撈出後以棉布包裹擠乾水分。同一鍋水放入預先切成4等分的馬鈴薯，以及1/2小匙的鹽，蓋上鍋蓋以大火煮10分鐘。

3

製作梅子風味醬使用的香菇切除菌柄，切成厚0.5公分的薄片。蘋果以磨泥器磨成泥後過篩，將梅子風味醬的所有製作材料攪拌均勻。在小碗中將芡汁的材料攪拌均勻。

4

將煮好的馬鈴薯壓碎，加入豆腐、炒鹽、麵粉、步驟①攪打過的黑豆，拌勻，將碗中食材分成4等分，每1等分製成直徑10公分的圓餅，上下兩面都均勻裹上麵包粉。

5

在熱鍋中加入2大匙的食用油，放入步驟④的豆腐排，兩面各以中小火煎2至3分鐘，直至表面呈金黃色即可起鍋。鍋子如果較小，可分兩次煎。★煎的過程中如果油不夠，請適量加油。

6

另起一鍋，鍋中加入已拌勻的梅子風味醬材料，以大火煮沸後轉中火煮10分鐘，加入芡汁（加入前再次攪拌均勻），煮10秒鐘即熄火，製成梅子風味醬。

7

將小番茄、迷你杏鮑菇、青花菜全部切成一口大小，胡蘿蔔切成厚1公分的厚片。乾淨的鍋中放入1/2大匙的食用油，再放上上述蔬菜，以大火拌炒2至3分鐘後熄火，將蔬菜裝飾在煎好的豆腐排旁，搭配梅子風味醬食用。

這是一道營養豐富且形狀可愛的小點心，
呈現出香菇、胡蘿蔔、青花菜等不同食材的顏色和風味。
豆腐馬鈴薯丸子口味清淡，
搭配微酸的新鮮短果茴芹，風味極佳。

＋涼拌短果茴芹
豆腐馬鈴薯丸子串

料理時間：30至35分鐘
食材：2至3人份
一人份熱量：190大卡
□ 馬鈴薯3顆（600公克）
□ 短果茴芹2把（100公克）
□ 豆腐（小盒板豆腐）1/4盒
　（50公克）

□ 胡蘿蔔切末，1大匙
　（10公克）
□ 青花菜切末，1大匙
　（10公克）
□ 乾香菇1朵
□ 炒鹽（或竹鹽）1/4小匙
□ 芝麻油1/4小匙
□ 食用油1小匙

短果茴芹涼拌醬
□ 紅辣椒1/3根，切末
□ 砂糖1又1/2小匙
□ 辣椒粉1/2小匙
□ 醋2小匙
□ 韓式湯用醬油2小匙
□ 芝麻油1小匙
□ 白芝麻少許

1

馬鈴薯以十字切分成4等分，
放入鍋中，加入鹽水（水2杯
＋鹽1/3小匙），蓋上鍋蓋，
以大火煮15分鐘，煮熟後熄
火撈起，放入碗中，以湯匙壓
碎。

2

短果茴芹摘掉爛葉，以流水
洗淨後瀝乾水分。豆腐以刀
面壓碎，以棉布包裹擠出水
分。★豆腐壓碎的方法請見
P.24。

3

乾香菇以溫水（熱水1杯＋冷
水1杯）浸泡20分鐘，泡發後
去除菌柄，切末。短果茴芹切
成長3公分的小段。

4

步驟①壓碎的馬鈴薯中加入
豆腐、炒鹽和芝麻油，攪拌均
勻後分成3等分，分別放入等
量的胡蘿蔔、青花菜和香菇，
分別拌勻，製成3種口味的豆
腐馬鈴薯泥，並搓揉成數個
直徑2公分的丸子。

5

在熱鍋中倒入食用油，搖晃
鍋子使油平均分布，以廚房
紙巾吸去過多的油後，放入
步驟④揉好的丸子，以大火
煎3分鐘，直至表面略帶金
黃。煎好的丸子稍微冷卻後
分別串在竹籤上，擺盤。

6

在大碗中倒入短果茴芹和涼
拌醬汁，拌勻後搭配豆腐馬
鈴薯丸子食用。

＊以其他蔬菜代替短果茴芹

可依據個人喜好，以
100公克的美生菜、菠
菜等製作沙拉用的生菜
來代替短果茴芹。生菜
與醬汁拌勻後，搭配豆
腐馬鈴薯丸子食用。

香煎羊奶參

一 煎杏鮑菇① ・ 山藥② ・ 蓮藕③

香煎羊奶參

羊奶參裹上松子醬和糯米粉，在熱鍋中快速煎熟即可食用。
這道料理不帶辣味，不吃辣的孩子們一定會很喜歡。
煎羊奶參的時候不要加太多油，口感會比較清爽。

料理時間：30至35分鐘
食材：2人份
一人份熱量：202大卡
□ 羊奶參6根（120公克）
□ 糯米粉3大匙
□ 炒菜用油（食用油1大匙
　＋蘇子油1小匙）

松子醬
□ 梨子（或蘋果）1/10顆
　（50公克）
□ 松子4大匙（20公克）
□ 炒鹽（或竹鹽）1/4小匙
□ 芝麻油1/4小匙

1

羊奶參以流水洗淨，以小刀採旋轉的方式削皮。★羊奶參會滲出黏液，建議戴著料理手套操作。

2

以鹽水（水1杯 ＋鹽1小匙）浸泡羊奶參10分鐘，去除苦味。

3

羊奶參縱切成兩半，置於砧板上，以擀麵棍壓扁或敲扁。

4

將松子醬的製作材料放入食物調理機中，打勻製成醬。

5

將羊奶參堆疊在平盤中，以湯匙均勻抹上松子醬，靜置10分鐘。

6

將糯米粉均勻撒在步驟⑤的羊奶參上，上、下兩面都要撒。

7

在熱鍋中倒入炒菜用油，搖晃鍋子使油平均分布，以廚房紙巾吸去過多的油，放入步驟⑥的羊奶參，以小火煎至兩面金黃即可起鍋，擺盤即完成。

杏鮑菇、山藥、蓮藕以蘇子油煎熟，這道料理就完成了。
蓮藕和山藥煎熟後，口感厚實；杏鮑菇煎熟後，口感柔軟。
這些食材搭配松子鹽一起食用，
創造出極佳的風味，相當適合招待客人。

煎杏鮑菇
山藥·蓮藕

料理時間：25至30分鐘 **食材：2至3人份** **一人份熱量：160大卡** □ 山藥直徑5公分×長4公分，1塊（80公克） □ 蓮藕直徑4公分×長4公分，1塊（80公克）	□ 杏鮑菇1個（80公克） □ 蘇子油3大匙 **松子風味鹽** □ 松子1大匙 □ 炒鹽（或竹鹽）1/4小匙

1

杏鮑菇去掉根部，縱切成厚0.5公分的薄片。

2

山藥以流水將殘留的泥土洗淨，削皮後以流水清洗1次，切成厚0.5公分的薄片。★山藥的黏液會讓皮膚發癢，請戴料理手套操作。

3

蓮藕以削皮刀削皮，清洗乾淨後切成厚0.5公分的薄片。

4

松子在廚房紙巾上切碎，拌入炒鹽混合均勻，製成松子風味鹽。

5

在熱鍋中倒入蘇子油1大匙，放入杏鮑菇，上下兩面各以大火煎1分30秒，直至表面呈金黃色即取出盛盤。

6

步驟⑤的鍋子再次加熱，倒入蘇子油1大匙，放入山藥，上下兩面各以小火煎1分30秒，直至表面呈金黃色即取出盛盤。蓮藕也是以相同的方法煎熟。擺盤完畢即可搭配松子風味鹽食用。

＊以烤箱烤山藥和蓮藕
烤盤鋪上烘焙紙後放上山藥和蓮藕，在預熱170℃的烤箱中烤25分鐘，風味更佳。

香菇是寺院飲食中經常使用的食材，熱量低，
同時又富含蛋白質和維生素，能夠補充體力、預防貧血和抗癌。
分別以辣味和鹹味的醬料醃漬過後再煎，更能凸顯香菇風味。

雙味煎香菇

料理時間：20至25分鐘
（＋醃漬香菇30分鐘）
食材：2至3人份
一人份熱量：143大卡

☐ 乾香菇6朵
☐ 蘇子油2小匙

鹹味漬醬
☐ 蔬菜高湯（或水）6大匙

★蔬菜高湯的製作方法請見
P.28
☐ 韓式湯用醬油2大匙
☐ 麥芽糖漿（或果糖、寡糖）
1大匙
☐ 白芝麻1小匙
☐ 梅釀1小匙
☐ 蘇子油1小匙

辣味漬醬
☐ 蔬菜高湯（或水）1大匙
☐ 麥芽糖漿（或果糖、寡糖）1大匙
☐ 辣椒醬2大匙
☐ 白芝麻1小匙
☐ 梅釀1小匙
☐ 蘇子油1小匙

1

乾香菇以溫水（熱水1又1/2杯＋冷水1又1/2杯）浸泡20分鐘，泡發後去除菌柄，擠出水分。

2

取兩個小碗，分別倒入鹹味漬醬＆辣味漬醬的製作材料，攪拌均勻。

3

步驟①處理好的香菇只剩下菌傘的部分，以剪刀在菌傘上平均剪出6至8個缺口，每個缺口深約2公分。每朵香菇都要剪。

4

步驟②調好的兩碗醬料中，各放入3朵香菇，醃漬30分鐘。

5

在熱鍋中放入1小匙蘇子油，放入以鹹味漬醬醃漬的香菇，以中小火煎2分30秒後，加入1/2分量的鹹味漬醬，翻面再煎2分鐘即可熄火盛出。

6

步驟⑤的鍋子擦乾淨後再次加熱，放入1小匙蘇子油，放入以辣味漬醬醃漬的香菇，以小火兩面各煎1分30秒即可熄火盛出。煎好的香菇擺盤即完成。

＊香菇菌柄不要丟掉！
煎香菇時先將香菇的菌柄去除，這些菌柄可收集起來，作為製作蔬菜高湯的原料，也可切末後冷凍，作為營養飯、醬菜、炒菜等的配料。

水參可提高免疫力、緩解口渴，還有皮膚美容等效果。
裹上糯米粉後炸得酥脆，非常適合配上微酸的小黃瓜柚子醬。
試著將水參的根剁碎後加入醬汁中，味道也很不錯。

炸糯米水參

＋小黃瓜柚子醬

料理時間：25至30分鐘
食材：2人份
一人份熱量：77大卡
□ 水參1根（50公克）
□ 糯米粉1大匙

□ 太白粉1/2大匙
□ 食用油3杯（600毫升）
小黃瓜柚子醬
□ 小黃瓜1/10條（20公克）
□ 柚子釀1大匙

1

水參洗淨後以刀背將皮刮除。鬚根的部分切成適合入口的大小，較粗的部分則切成厚0.5公分的薄片。

2

製作醬汁的小黃瓜先以刀刃小心切除表面的刺，洗淨後去除中間的籽，再切成0.5公分的小丁。柚子釀中的果肉也切成0.5公分的小丁。

3

在小碗中將小黃瓜和柚子釀拌勻，製成小黃瓜柚子醬。

4

在有深度的盤子中放入糯米粉和太白粉，拌勻。將步驟①處理好的水參沾濕後放入盤中，均勻裹上盤中的粉末。

5

在鍋中倒入食用油，加熱至180℃（放入水參時會產生很多小氣泡的程度），水參入鍋炸1分30秒，炸至酥脆後撈出瀝乾。盛盤後即可搭配小黃瓜柚子醬食用。

炸地瓜雜菜海苔捲

家常料理常會有剩下的零星食材，
善用這些食材也可製作出美味的料理。
這道炸海苔捲加入了又香又甜的地瓜，也加入了許多蔬菜，
營養相當豐富。如果加入泡菜會稍帶一點辣味，別有一番風味。

炸地瓜雜菜海苔捲

料理時間：40至45分鐘
（＋韓國粉絲浸泡30分鐘）
食材：3至4人份
一人份熱量：273大卡

☐ 海苔4張（A4紙大小）
☐ 韓國粉絲1/2把（50公克）
☐ 地瓜1個（200公克）
☐ 乾香菇1朵
☐ 菠菜1把（50公克）
☐ 胡蘿蔔1/6根（30公克）
☐ 青辣椒1根（可省略）

☐ 紅辣椒1根（可省略）
☐ 太白粉2大匙
☐ 炒鹽（或竹鹽）少許
☐ 芝麻油少許
☐ 食用油1大匙（炒菜用）
☐ 食用油3杯（600毫升，油炸用）

醬汁
☐ 水7大匙
☐ 韓式釀造醬油1大匙
☐ 砂糖2小匙
☐ 白芝麻1/2小匙

☐ 蘇子油1/2小匙
☐ 胡椒粉少許

麵衣
☐ 麵粉（或酥炸粉）1/2杯
　（50公克）
☐ 水1/2杯（100毫升）
☐ 太白粉1大匙
☐ 炒鹽（或竹鹽）1/2小匙
☐ 冰1/2杯
　（50公克，可省略）

1

韓國粉絲以冷水浸泡30分
鐘，再放入滾水（5杯）中煮
5分鐘，撈起泡冷水，冷卻
後瀝乾水分。乾香菇以溫水
（熱水1杯＋冷水1杯）浸泡
20分鐘。

2

地瓜以削皮刀去皮，切成邊
長2公分的方塊，放入鍋中，
加水（1杯）後蓋上鍋蓋，以
大火煮10分鐘，熄火撈出瀝
乾後，將地瓜放入碗中，以湯
匙壓碎，加入少許炒鹽和芝
麻油攪拌均勻。

3

菠菜洗淨後放入煮滾的鹽水
（水5杯＋鹽1小匙）中，煮
30秒後撈起，泡冷水冷卻。
擠乾菠菜所含的水分後，將
菠菜放入碗中，加入少許炒
鹽和芝麻油攪拌均勻。另取
一個碗，放入製作麵衣的材
料，拌勻製成麵糊。

4

胡蘿蔔切成長5公分的細絲。
青、紅辣椒對切後去籽，切成
長5公分的細絲。香菇擠乾水
分後去除菌柄，切成厚0.5公
分的薄片。將醬汁的製作材
料放入小碗中，混合均勻製
成醬汁。

5

在熱鍋中倒入食用油，放入
步驟④切好的蔬菜，以大火
拌炒30秒後盛盤。同一鍋中
倒入韓國粉絲和醬汁，以大
火煮滾後持續拌炒1分30秒，
熄火。炒好的蔬菜和韓國粉
絲拌勻，製成雜菜。

6

取一張海苔平放，先放上1/4
分量的地瓜泥，再放上1/4分
量的菠菜，最後放上步驟⑤
中1/4分量的雜菜，用力捲緊
海苔，製成海苔捲。以相同方
式共作出4條海苔捲，每一條
海苔捲皆切成4等分。海苔捲
均勻裹上太白粉後，再裹上麵
糊。

7

將食用油倒入鍋中，加熱至
180℃（放入麵衣時會產生很
多小氣泡的程度），將步驟
⑥完成的海苔捲下鍋炸3分30
秒，撈出後以廚房紙巾吸油，
擺盤即完成。

将春天盛產的蔬菜炸過後食用，口中瞬間充滿春天的氣息。
蔬菜的種類可依照個人的喜好而選擇。
製作麵衣時加入一點冰塊，可讓麵衣油炸後更加酥脆，
如果冰融化後導致麵糊變稀，再加入麵粉調整稠度即可。

炸蔬菜

料理時間：25至30分鐘
食材：3至4人份
一人份熱量：127大卡

□ 艾草1/5把（10公克）
□ 薺菜1/2把（10公克）
□ 東風菜5株（10公克）

□ 短果茴芹6株（10公克）
□ 南瓜1/20顆（40公克）
□ 蘇子1大匙（可省略）
□ 太白粉3大匙
□ 食用油3杯
　（600毫升，油炸用）

麵衣
□ 麵粉1/2杯（50公克）
□ 水1/2杯（100毫升）
□ 太白粉1大匙
□ 炒鹽（或竹鹽）1/2小匙
□ 冰1/2杯（50公克，可省略）

1

艾草、薺菜、東風菜、短果茴芹洗淨後瀝乾。東風菜、短果茴芹切成長10公分的大段。蘇子過篩，以流水洗淨後瀝乾。

2

南瓜洗淨後，帶皮切成厚0.5公分的薄片。

3
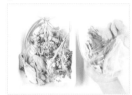

在保鮮袋中放入太白粉，將步驟①的蔬菜分別放入輕輕搖晃，均勻裹上太白粉。

4
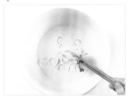

在大碗中將麵衣的製作材料混合均勻，製成麵糊。舀出3大匙的麵糊放入小碗中，將艾草、薺菜、東風菜、短果茴芹放入，均勻裹上麵衣。★麵糊過度攪拌會降低油炸後的酥脆度。

5

大碗中的麵糊中倒入蘇子拌勻，再放入南瓜均勻裹上麵衣。

6

在鍋中倒入食用油，加熱至180℃（放入麵衣時會產生很多小氣泡的程度），放入艾草炸30秒，薺菜炸1分30秒，東風菜炸1分鐘，短果茴芹炸1分鐘，南瓜炸3分鐘。食材撈出後以廚房紙巾吸油，擺盤即完成。

＊製作適合炸物的醬汁

　準備2大匙的蔬菜高湯（或水；蔬菜高湯的製作方法請見P.28），在高湯中加入韓式湯用醬油1大匙，拌勻即完成炸物醬油。如果將當歸和枸杞等食材放入醬汁中煮滾，熄火後放涼，製成的醬汁會更具風味。

淡香清甜的

樸風主食

米飯與麵食搭配富含營養的當季時蔬，口味清淡，
咀嚼間滋味漸次顯現，內心覺得平和且踏實。
粥和營養飯適合老人家，飯糰和海苔飯捲專為孩子們設計，
麵食激起了食欲，義大利麵、焗烤料理、炸醬麵等皆帶有寺院飲食特色……
這些養生料理的製作方式簡單又有趣，請一定要試試看。

薺菜飯

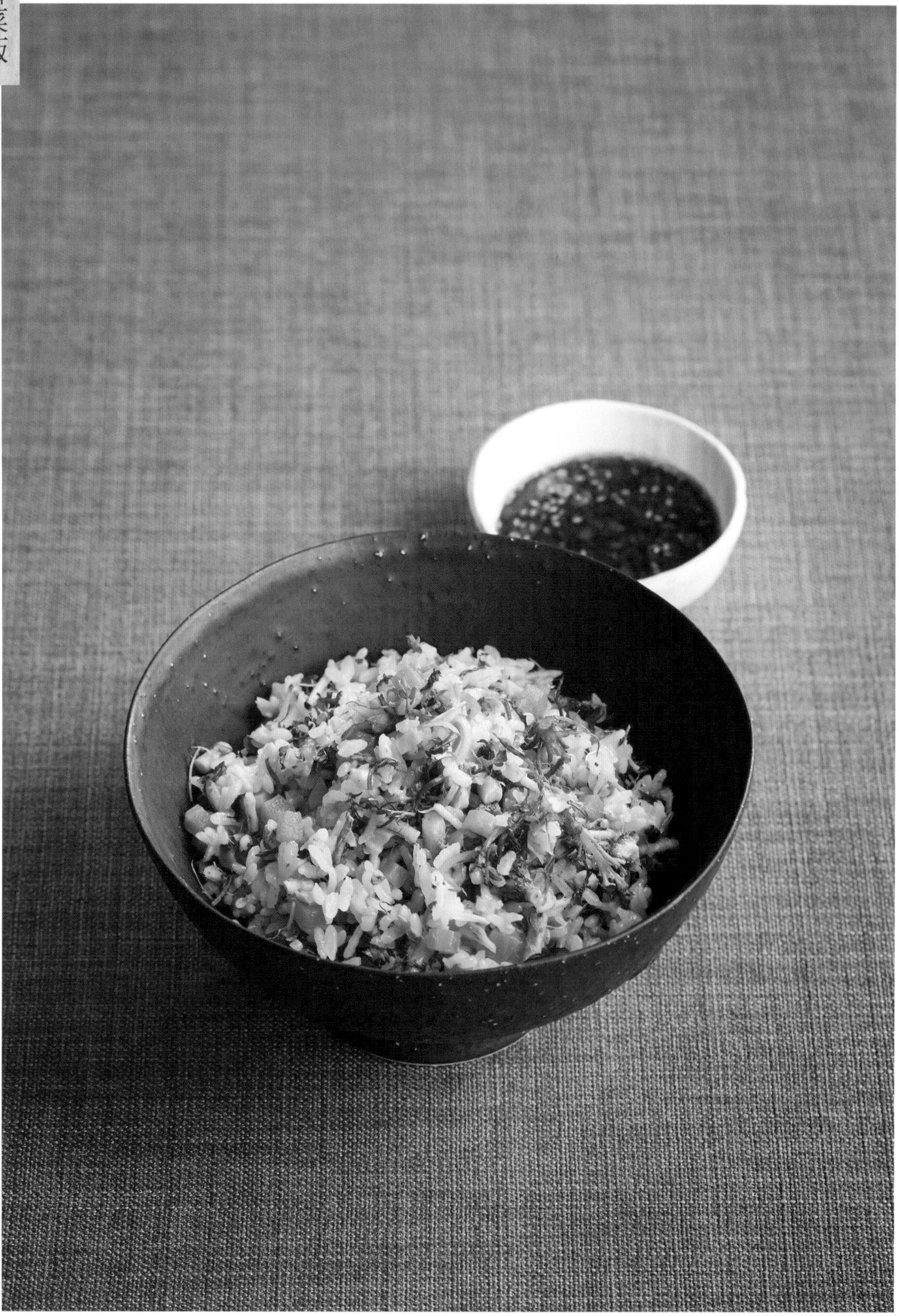

薺菜飯

對一般人而言，薺菜並不是日常生活中常見的蔬菜，
但是在深山中很容易取得。
寺院飲食中常使用多種野菜來補充膳食纖維，薺菜就是其中之一。
★ 以其他器具製作營養飯的方法請見P.29。

料理時間：40至45分鐘
（＋米浸泡2小時）
食材：2至3人份
一人份熱量：325大卡
□ 米1杯（160公克）
□ 糙米1/4杯（40公克）

□ 薺菜2把（100公克）
□ 胡蘿蔔1/5根（40公克）
□ 香菇4朵（100公克）
□ 水1又1/2杯（300毫升，煮飯用）

韓式湯用醬油拌飯醬
□ 砂糖1大匙
□ 韓式湯用醬油2大匙
□ 水2大匙
□ 芝麻油1大匙
□ 白芝麻1小匙

1

米和糙米洗淨後以水（3杯）浸泡2小時，瀝乾水分備用。

2

薺菜先摘掉爛葉，以小刀刮除小鬚根後泡在水中，輕輕搖晃洗淨。★薺菜的處理方法請見P.18。

3

薺菜切成長2公分的小段。胡蘿蔔切成0.5公分的小丁。香菇去除菌柄，切成0.5公分的小丁。

4

將韓式湯用醬油拌飯醬的製作材料放入碗中，混合均勻製成拌飯醬。★也可使用P.139的韓式釀造醬油拌飯醬。

5

將步驟①泡好的米放入煮鍋中，倒入水（1又1/2杯），蓋上鍋蓋，以大火煮1分鐘後加入薺菜、香菇和胡蘿蔔。

6

蓋上鍋蓋，以中火煮2分鐘後，轉小火煮15分鐘。熄火後先燜5分鐘再打開鍋蓋，盛飯後即可搭配韓式湯用醬油拌飯醬食用。

*米浸泡的時間要充分
　舊米的浸泡時間為1小時，新米的浸泡時間為30分鐘。煮舊米時可加入1大匙的牛奶，其中所含的蛋白質能讓舊米煮起來更有光澤。

在寺院飲食中，荷葉經常被當成天然的抗菌材料，有助於防腐。
荷葉飯是寺院飲食中極具代表性的營養飯，
糯米的嚼勁兒和荷葉的清香會在口中完美融合，
很適合在特別的日子裡準備這道料理招待客人。

荷葉飯

料理時間：2小時
（＋糯米浸泡2至3小時）
食材：3人份
一人份熱量：433大卡
□ 糯米2杯（320公克）
□ 荷葉3片

□ 紅棗3顆
□ 栗子仁3顆
□ 松子1大匙
□ 銀杏9顆
□ 食用油1小匙

鹽水
□ 水1大匙
□ 鹽1/4小匙

1

糯米洗淨後以水（3杯）浸泡
2至3小時，瀝乾水分備用。

2

荷葉以乾抹布或廚房紙巾擦
拭乾淨。在小碗中放入鹽水
的製作材料，混合均勻。

3

紅棗去核，栗子仁對切，松子
去殼。銀杏放入熱鍋中，倒入
食用油，以小火炒5分鐘後置
於廚房紙巾上搓揉去皮。

4
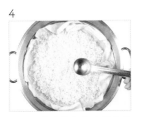
在熱氣蒸騰的蒸鍋中鋪上棉
布，放入步驟①的糯米，蓋上
鍋蓋，以大火蒸20分鐘後掀
起蓋子，均勻淋上鹽水後，再
度蓋上蓋子，以大火蒸20分
鐘即熄火。

5

步驟④的糯米取出放涼。取
一片荷葉鋪平，放入1/3分量
的糯米（150公克）、紅棗、
栗子仁、松子和銀杏。包捲荷
葉時，先將荷葉的底部往上
摺，再將兩側往內摺，最後往
上捲。另兩個也以同樣的方
式捲好。

6

在熱氣蒸騰的蒸鍋中鋪上棉
布，放入步驟⑤包好的成品，
蓋上鍋蓋，以大火蒸30至35
分鐘後熄火，取出後擺盤即
完成。

＊**冷凍保存荷葉飯**

荷葉有抗菌防腐的作用，
所以荷葉飯不容易變質，
適合作為旅行、登山、郊
遊時攜帶的便當。可事先
將荷葉飯作好，個別裝入
密封袋後置於冷凍室保
存，需要食用時放入微波
爐（700瓦）加熱10分鐘
即可。

一
山藥飯

136

牛蒡香菇飯

山藥飯

山藥被稱為「山中的鰻魚」，富含蛋白質和鉀，
有助於預防成人病與消除疲勞，其中的黏蛋白可幫助保護胃道黏膜，
緩和胃潰瘍等症狀。山藥烤熟或蒸熟後相當美味，和地瓜一樣清甜可口。
山藥飯趁熱拌入拌飯醬，美好的滋味會讓人忍不住一碗接一碗。
★ 以其他器具製作營養飯的方法請見P.29。

料理時間：35至40分鐘
（＋米浸泡2小時）
食材：2至3人份
一人份熱量：301大卡
□ 米1杯（160公克）
□ 糙米1/4杯（40公克）

□ 山藥直徑5公分×長5公分，
　1塊（100公克）
□ 水1又1/2杯（300毫升，
　煮飯用）
辣椒醬油拌飯醬
□ 青辣椒1根，切末

□ 紅辣椒1根，切末
□ 韓式釀造醬油3大匙
□ 白芝麻1小匙
□ 砂糖1小匙
□ 辣椒粉1小匙
□ 芝麻油1小匙

1

米和糙米洗淨後以水（3杯）
浸泡2小時，瀝乾水分備用。

2

山藥在流水下洗淨殘留的泥
土，削皮後再以流水清洗1
次。★山藥的黏液會讓皮膚發
癢，請戴料理手套操作。

3

山藥切成1.5公分的大丁，以
水（2杯）浸泡。★將山藥泡
在水中可預防褐變。

* **帶有堅果香的營養飯**
　準備2大匙的堅果（銀
　杏、松子、紅棗、栗子
　等），在步驟⑤中與
　米、山藥同步放入鍋
　中，飯煮熟後香氣四
　溢，賣相和口感與單純
　的山藥飯完全不同。

* **製作低辣度的拌飯醬**
　製作辣椒醬油拌飯醬時
　不要加入青、紅辣椒末
　即可。

4

將辣椒醬油拌飯醬的材料倒
入碗中，混合均勻製成拌飯
醬。★也可使用P.134的韓式
湯用醬油拌飯醬。

5

將步驟①泡好的米放入煮鍋
中，再放入水（1又1/2杯）和
山藥。

6

蓋上鍋蓋，以大火煮1分鐘，
至沸騰後轉中火煮2分鐘，
轉小火續煮15分鐘後即可熄
火。熄火後先燜5分鐘再打開
鍋蓋，盛飯後即可搭配辣椒
醬油拌飯醬食用。

牛蒡富含膳食纖維，同時含有抗酸化物質的皂素，能夠幫助預防肥胖並延緩老化。牛蒡香菇飯帶有香菇的香氣和牛蒡酥脆的口感，營養非常豐富。

★ 以其他器具製作營養飯的方法請見P.29。

牛蒡香菇飯

料理時間：35至40分鐘
（＋米浸泡2小時）
食材：2至3人份
一人份熱量：303大卡
□ 米1杯（160公克）
□ 糙米1/4杯（40公克）
□ 乾香菇3朵

□ 牛蒡直徑2公分×長25公分，1段（60公克）
□ 韓式湯用醬油1/2小匙
□ 蘇子油1/2小匙
□ 水1又1/2杯（300毫升，煮飯用）

韓式釀造醬油拌飯醬
□ 砂糖1/2大匙
□ 韓式釀造醬油1大匙
□ 水1大匙
□ 芝麻油1/2大匙
□ 白芝麻1小匙
□ 辣椒粉1/2小匙（可省略）

1

米和糙米洗淨後以水（3杯）浸泡2小時，瀝乾水分備用。乾香菇以溫水（熱水1又1/2杯＋冷水1又1/2杯）浸泡20分鐘。

2

牛蒡以刀背去皮後切成長5公分的大段，以醋水（水2杯＋醋1小匙）浸泡5分鐘，去除麻味。

3

去除麻味後的牛蒡切成細絲。香菇瀝乾後去除菌柄，切成厚0.5公分的薄片。將韓式釀造醬油拌飯醬的材料放入碗中，混合均勻。

4

將牛蒡、香菇、湯用醬油、蘇子油放入碗中，徒手抓勻，靜置5分鐘。

5

在熱鍋中倒入步驟④拌好的食材，以中火拌炒2分鐘即熄火盛出。

6

將步驟①泡好的米放入煮鍋中，再倒入水（1又1/2杯）和步驟⑤炒好的牛蒡和香菇，蓋上鍋蓋，以大火煮1分鐘，至沸騰後轉中火煮2分鐘，轉小火續煮15分鐘。熄火後先燜5分鐘再打開鍋蓋，搭配韓式釀造醬油拌飯醬食用。

乾蘿蔔葉大醬飯

乾蘿蔔葉是由新鮮的蘿蔔葉自然乾燥而成，富含膳食纖維、礦物質和鈣等營養素，是韓國冬季的特色食材。乾蘿蔔葉必須在水中多次清洗，洗去特殊的味道，並去除較粗的纖維，如此才能製作出口感柔軟又可口的乾蘿蔔葉大醬飯。

★ 以其他器具製作營養飯的方法請見P.29。

料理時間：50至55分鐘
（＋處理乾蘿蔔葉需約19小時）
食材：2至3人份
一人份熱量：323大卡

□ 乾蘿蔔葉40公克（泡發後200公克）
　★乾蘿蔔葉挑選和保存的方法請見P.15
□ 米1杯（160公克）
□ 糙米1/4杯（40公克）
□ 大醬1大匙
□ 韓式湯用醬油1/2大匙
□ 蘇子油1小匙

蔬菜高湯
（完成量1又1/2杯，300毫升）
□ 水2又1/2杯（500毫升）
□ 乾香菇2朵
□ 海帶5×5公分，1張

拌飯醬
□ 青辣椒1根，切末
□ 紅辣椒1根，切末
□ 韓式釀造醬油3大匙
□ 白芝麻1小匙
□ 砂糖1小匙
□ 辣椒粉1小匙
□ 芝麻油1小匙

1

乾蘿蔔葉洗淨後，以清水浸泡6小時後撈出，放入鍋中，加入水（10杯），以大火煮沸後蓋上鍋蓋煮30到40分鐘。熄火後靜置12小時。

2

米和糙米洗淨後以水（3杯）浸泡2小時，瀝乾水分備用。

3

將蔬菜高湯的製作材料放入鍋中，以大火煮沸後取出海帶，轉小火煮10分鐘，熄火後撈出香菇。

4

撈出步驟①泡好的乾蘿蔔葉，以冷水洗2至3次，去除表面較粗的纖維，擰擠蘿蔔葉至含有少許水分的程度，切成長3公分的小段。步驟③撈出的香菇瀝乾，去除菌柄後切成厚0.5公分的薄片。

5

將乾蘿蔔葉、香菇、大醬、湯用醬油、蘇子油放入碗中，徒手抓勻，靜置10分鐘。

6

將拌飯醬的製作材料放入碗中，混合均勻製成拌飯醬。

7

將步驟②泡好的米放入煮鍋中，倒入步驟③煮好的蔬菜高湯（1又1/2杯），最後放入步驟⑤拌好的乾蘿蔔葉和香菇，蓋上鍋蓋，以大火煮1分鐘，至沸騰後轉中火煮2分鐘，轉小火續煮15分鐘。熄火後先燜5分鐘再打開鍋蓋，盛飯後即可搭配拌飯醬食用。

東風菜帶有特別的香味和嚼勁，屬於鹼性食物，富含鉀，
有助於排除人體內的多餘鹽分。以蔬菜高湯代替水製作東風菜飯，
營養價值更高，滋味也會更好。

★ 以其他器具製作營養飯的方法請見P.29。

東風菜飯

料理時間：40至45分鐘
（＋東風菜浸泡6小時）
食材：2至3人份
一人份熱量：323大卡

- □ 乾東風菜25公克（泡發後
  100公克）
- □ 米1杯（160公克）
- □ 糙米1/4杯（40公克）

- □ 香菇3朵（75公克）
- □ 蘇子油1大匙
- □ 韓式湯用醬油1小匙
- □ 水（或蔬菜高湯）1又1/2杯
  （300毫升，煮飯用）

  ★蔬菜高湯的製作方法請
  見P.28

拌飯醬
- □ 青辣椒1/4根，切末
- □ 紅辣椒1/4根，切末
- □ 韓式釀造醬油1/2大匙
- □ 白芝麻1小匙
- □ 砂糖1/2小匙
- □ 辣椒粉1/4小匙
- □ 芝麻油1/2小匙

1

乾東風菜洗淨後以清水浸泡6
小時，中間換1次水。米和糙
米洗淨後以水（3杯）浸泡2
小時，瀝乾水分備用。

2

將拌飯醬的製作材料放入碗
中，混合均勻製成拌飯醬。香
菇洗淨去除菌柄，切成厚0.5
公分的薄片。泡好的東風菜
摘除較粗的莖，擠乾水分。

3

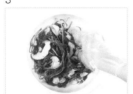

將東風菜、香菇、湯用醬油、
蘇子油放入碗中，徒手抓勻，
靜置10分鐘。

4

在熱鍋中倒入步驟③拌好的
食材，以中火拌炒1分鐘即熄
火盛出。

5

將步驟①泡好的米放入煮鍋
中，倒入水（1又1/2杯），最
後放入步驟④炒好的食材，
蓋上鍋蓋，以大火煮1分鐘，
至沸騰後轉中火煮2分鐘，轉
小火續煮15分鐘。熄火後先
燜5分鐘再打開鍋蓋，盛飯後
即可搭配拌飯醬食用。

＊請注意！
煮飯用的鍋子底層要
厚，塗層要好，這樣比
較不容易產生鍋巴或燒
焦。建議不要選擇太大
的鍋子。

黑豆南瓜飯

黑豆南瓜飯

南瓜中置入糯米、豆子、紅棗、栗子等食材，
製作成模樣可愛的南瓜飯。橘紅色的南瓜清甜且營養豐富，
含有ß胡蘿蔔素，有助於抗酸化、延緩老化、預防成人病。
在各種瓜類食材中，南瓜的味道較甜、水分較少，適合蒸煮料理。

料理時間：1小時30分鐘
（＋糯米、黑豆浸泡2至3小時）
食材：2至3人份
一人份熱量：424大卡

□ 糯米1杯（160公克）
□ 黑豆2大匙（20公克）
□ 南瓜1顆（800公克）
□ 紅棗3顆
□ 栗子仁3顆
鹽水
□ 水1大匙
□ 鹽1/4小匙

1

糯米以水（3杯）、黑豆以水
（1杯）浸泡2至3小時後瀝乾
水分。將鹽水的材料放入碗
中，混合均勻。

2

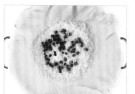

在熱氣蒸騰的蒸鍋中鋪上
棉布，放入糯米和黑豆，鋪
平，蓋上鍋蓋，以大火蒸15
分鐘後掀起蓋子，均勻淋上
鹽水後再蓋上蓋子，以大火
蒸15分鐘後熄火。

3

南瓜洗淨後，從蒂頭的部分
往下切出五角形或六角形的
蓋子，再以湯匙去籽。

4

紅棗去核，栗子仁對切。

5

將步驟②蒸好的糯米和黑豆
填入南瓜中，紅棗和栗子仁
也放入，蓋上南瓜蓋。

6

在熱氣蒸騰的蒸鍋中鋪上棉
布，放入步驟⑤的南瓜，蓋上
鍋蓋，以大火蒸35至40分鐘。
蒸熟後熄火，盛盤即完成。
★以筷子輕輕戳南瓜，如果可
輕易戳透，就表示熟透了。

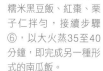

＊南瓜飯的另一種作法
南瓜洗淨後不保留整體
形狀，而是切成適當大
小的塊狀，並與蒸好的
糯米黑豆飯、紅棗、栗
子仁拌勻，接續步驟
⑥，以大火蒸35至40
分鐘，即完成另一種形
式的南瓜飯。

蓮藕是寺院飲食中具有代表性的食材，
傳說有八個孔洞的蓮藕代表佛教的「八正道」，
也就是修行人應遵行的八種修道方法。
這道營養飯將糯米分別與胡蘿蔔、黑芝麻和綠茶粉混合，
再加入蓮藕，蒸熟後，一道既美觀又美味的料理就完成了。

三色蓮藕飯

料理時間：1小時10分鐘
（＋糯米浸泡2至3小時）
食材：2人份
一人份熱量：241大卡
□ 糯米1杯（160公克）
□ 蓮藕直徑4公分×長12公分，
　1段（150公克）

□ 胡蘿蔔1/10根（20公克）
□ 黑芝麻1/2大匙
□ 綠茶粉1/2小匙
□ 炒鹽（或竹鹽）少許

鹽水
□ 水1大匙
□ 鹽1/4小匙

1

糯米以水（3杯）浸泡2至3小時後瀝乾水分。將鹽水的製作材料放入碗中，混合均勻。

2

在熱氣蒸騰的蒸鍋中鋪上棉布，放入糯米鋪平，蓋上鍋蓋，以大火蒸15分鐘後掀起蓋子，均勻淋上鹽水後蓋上蓋子，以大火蒸15分鐘後熄火。

3

蓮藕以削皮刀去皮，放入醋水（水5杯＋醋1大匙）中浸泡5分鐘，取出後縱向十字切分成4等分，再逐一切成三角形的塊狀。

4

胡蘿蔔切末。黑芝麻裝入保鮮袋中以擀麵棍壓碎。將胡蘿蔔末、壓碎的黑芝麻、綠茶粉分別裝入3個小碗中。

5

將步驟②蒸好的糯米分成3等分，分別和胡蘿蔔、黑芝麻、綠茶粉混合均勻，製成3種口味的糯米飯。將蓮藕也分成3等分，分別加入3種口味的糯米飯中，撒上一些炒鹽調味。

6

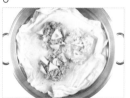

在熱氣蒸騰的蒸鍋中鋪上棉布，放入步驟⑤的三色蓮藕飯，蓋上鍋蓋，以大火蒸35至40分鐘。熄火後即可擺盤上桌。

＊蓮藕飯的另一種作法
將蓮藕橫切成3段，每一段皆以保鮮膜包住底部，將3種口味的糯米飯分別填入3段蓮藕的孔洞中，並壓實孔洞中的糯米。將蓮藕放入熱氣蒸騰的蒸鍋中，以大火蒸35分鐘，蒸熟後取出切成厚1公分的藕片，就完成了另一種三色蓮藕飯。可參見P.145的圖片上方。

嫩豆腐蓋飯

醬菜拌飯

將菇類和各種蔬菜所製成的醬菜拌入飯中，
輕輕鬆鬆就製成了這一道特別的拌飯。香椿製作的醬菜別有風味，
也可依據個人喜好和家中的食材進行醬菜內容的變換。

★ 也可以將香菇醬菜替換為P.246的醋醃杏鮑菇。

料理時間：20至25分鐘
（＋醬菜發酵3天）
食材：2人份
一人份熱量：393大卡
□ 飯2碗（400公克）
□ 櫛瓜1/2條（140公克）
□ 鹽1/2小匙（醃漬櫛瓜用）
□ 香椿醬菜（或蘿蔔醬菜、
　蘇子葉醬菜）2大匙

□ 香菇醬菜（或醋醃杏鮑菇）
　1杯（80公克）
□ 蘇子油4小匙
□ 海苔碎片2大匙
香菇醬菜
□ 乾秀珍菇30公克
□ 乾香菇2朵
□ 水1/2杯（100毫升）
□ 砂糖2/3大匙

□ 韓式釀造醬油2又1/2大匙
□ 麥芽糖漿
　（或果糖、寡糖）1/2大匙
□ 薑末1/2小匙
□ 胡椒粉少許

製作香菇醬菜

1

乾秀珍菇和乾香菇以溫水（熱水1又1/2杯＋冷水1又1/2杯）浸泡20分鐘。泡好後，秀珍菇一枝一枝撕開，香菇去掉菌柄後切成細條。

2

在鍋中倒入水（1/2杯）、砂糖、釀造醬油、麥芽糖漿、薑末、胡椒粉，以大火煮滾後熄火冷卻。

3

將步驟①的秀珍菇和香菇放入儲藏用的容器，倒入步驟②的醬汁，放入冷藏室發酵3天。

製作醬菜拌飯

4

櫛瓜切成厚1公分的厚片，每片再切成4等分，撒上鹽醃漬5分鐘。香椿醬菜切末。

5

在熱鍋中倒入1小匙蘇子油，放入櫛瓜，以大火拌炒1分鐘後熄火盛出。再次熱鍋，倒入1小匙蘇子油，放入事先作好的香菇醬菜，以大火拌炒1分鐘後熄火盛出。

6

盛一碗飯，加入1/2分量的櫛瓜、香菇醬菜、香椿醬菜，以及1小匙的蘇子油和1大匙的海苔碎片拌勻，另一碗飯也以相同的方法製作。兩碗飯皆拌勻後即完成。

＊製作香椿醬菜

準備香椿6把（300公克），以鹽60公克醃漬30分鐘，以水洗淨後瀝乾。在鍋中倒入韓式釀造醬油1又1/2杯、韓式湯用醬油1/2杯、砂糖1/2杯、麥芽糖漿1/2杯，以中火煮5分鐘後熄火冷卻。冷卻後加入辣椒醬1杯、糯米糊1/2杯、梅釀4大匙，倒入儲藏容器後放入香椿拌勻，靜置100天。

醃透的泡菜加上嫩豆腐，製成了這一道口感柔軟滑順的蓋飯。
蔬菜高湯以海帶和香菇熬煮而成，以高湯作為基底，
讓清淡的蓋飯充滿味覺層次。

嫩豆腐蓋飯

料理時間：25至30分鐘
食材：2人份
一人份熱量：395大卡

☐ 飯2碗（400公克）
☐ 嫩豆腐1/2塊（150公克）
☐ 白菜泡菜1杯（150公克）
☐ 青陽辣椒1根（可省略）

☐ 食用油1/2大匙
☐ 泡菜汁3大匙
☐ 韓式湯用醬油1小匙
☐ 芡汁
　（太白粉1大匙＋水1大匙）

泡菜漬醬
☐ 辣椒粉1小匙

☐ 蘇子油1小匙
蔬菜高湯
（完成量2杯，400毫升）
☐ 水3杯（600毫升）
☐ 乾香菇2朵
☐ 海帶5×5公分，1張

1

將蔬菜高湯的製作材放入鍋中，以大火煮沸後取出海帶，轉小火煮10分鐘，熄火後撈出香菇。

2

白菜泡菜擠出水分，先依照長度對切，再切成寬1公分的小片，放入泡菜漬醬的材料中拌勻。步驟①撈出的香菇擠乾水分，去除菌柄，切成厚0.5公分的薄片。青陽辣椒切圈。

3

在熱鍋中倒入食用油，加入白菜泡菜和香菇，以中火拌炒1分30秒，加入蔬菜高湯和泡菜汁，以大火煮5分鐘。

4

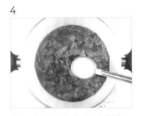

放入青陽辣椒和湯用醬油，以中火煮1分鐘後轉大火，煮沸後加入芡汁1大匙（加入前再次攪拌均勻），攪拌30秒直至再次沸騰。

5

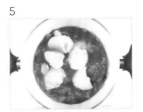

放入嫩豆腐，豆腐保持大塊不要切得太碎，再次煮沸後即熄火，舀出淋在盛好的飯上即完成。建議將豆腐放在頂端，會比較美觀。

＊請注意！
芡汁加入前要再次攪拌均勻，避免受熱後在湯汁中結塊。

151

一
蔬菜小飯糰×3

蔬菜小飯糰×3

三種蔬菜的原味加上堅果風味的包飯醬，
製成了這一款滋味一點兒也不單調的小飯糰。
綠色蔬菜含有許多的營養成分，簡單汆燙後加入熟飯中熱拌，
這種方式不但能夠減少對營養成分的破壞，
也能保留食材的美麗色澤。

★ 以其他器具製作營養飯的方法請見P.29。

料理時間：50至55分鐘（＋米浸泡2小時）食材：2至3人份一人份熱量：318大卡	□ 香菇1朵（25公克）□ 胡蘿蔔1/10根（20公克）□ 炒鹽（或竹鹽）少許□ 芝麻油少許□ 水1又1/2杯（300毫升，煮飯用）	□ 白芝麻1小匙**堅果包飯醬**□ 大醬1大匙□ 堅果碎片（杏仁、花生、核桃等）1小匙□ 辣椒醬1小匙□ 蘇子油1/2小匙
□ 米1杯（160公克）□ 糙米1/4杯（40公克）□ 青花菜1/4棵（70公克）□ 東風菜葉10片□ 楤木芽4根（50公克）	**拌飯調味料**□ 芝麻油1大匙□ 炒鹽（或竹鹽）1/3小匙	

1

米和糙米以水（3杯）浸泡2小時，瀝乾水分備用。

2

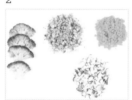

青花菜的花冠部位切成4片大扇形，厚0.7公分，其餘的部分切末。胡蘿蔔切成0.5公分的小丁。香菇去除菌柄，切成0.5公分的小丁。

3

沸騰的鹽水（水6杯＋鹽1/2大匙）中放入切成扇形的青花菜，以及完整的東風菜、楤木芽，各煮30秒後，東風菜和楤木芽泡冷水洗淨並瀝乾水分，青花菜則直接瀝乾水分。

4

在大碗中放入東風菜，加入少許炒鹽和芝麻油拌勻，擺在碗的一邊。楤木芽也以相同的方式調味。在小碗中將堅果包飯醬的製作材料拌勻。★為了保持食材的原味，東風菜和楤木芽請分別調味。

5

在鍋中倒入米和水（1又1/2杯），蓋上鍋蓋，以大火煮1分鐘，煮沸後轉中火煮2分鐘，轉小火續煮15分鐘。熄火後掀起鍋蓋，倒入切末的胡蘿蔔、青花菜、香菇，與米飯拌勻，再蓋上鍋蓋燜5分鐘。

6

取一個大碗，放入所有拌飯調味料拌勻，倒入步驟⑤的飯，拌勻製成調味飯。取一口大小的調味飯捏緊，放上少許堅果包飯醬，再放上青花菜或是楤木芽。東風菜葉攤平，放上一口大小的調味飯和少許堅果包飯醬，捲起葉片製成包飯。3種小飯糰作好擺盤即完成。

杏鮑菇調味大醬內含多種蔬菜，適合搭配各種料理。
煮湯時可作為調味，製作包飯時可當成餡料，
直接拌入飯中食用也相當美味。

料理時間：40至45分鐘
食材：2至3人份
一人份熱量：264大卡

□ 飯2碗（400公克）
□ 高麗菜葉3片（手掌大小，90公克）
□ 蔬菜葉6片
（美生菜、甜菜葉、蘇子葉、芥菜等，包飯用）

□ 海帶1張（50公克，包飯用）
□ 白菜泡菜2片（80公克）

拌飯調味料
□ 炒鹽（或竹鹽）1/4小匙
□ 白芝麻1小匙
□ 芝麻油1小匙

杏鮑菇調味大醬
□ 杏鮑菇1/3個（30公克；或香菇1朵，或秀珍菇1/2把）

□ 馬鈴薯1/10顆（20公克）
□ 櫛瓜1/14條（20公克）
□ 青辣椒1/2根
□ 紅辣椒1/2根
□ 食用油1/2小匙
□ 水1/2杯（100毫升）
□ 大醬5大匙

1

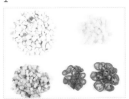

杏鮑菇去除根部，馬鈴薯以削皮刀去皮，和櫛瓜全部切成0.5公分的小丁。青、紅辣椒切圈。

2

在熱鍋中倒入食用油，加入步驟①切好的蔬菜，以中火拌炒1分30秒後加入水（1/2杯）和大醬，以鍋鏟持續拌炒4分鐘後熄火，製成杏鮑菇調味大醬。

3

在熱氣蒸騰的蒸鍋中鋪上棉布，放入高麗菜葉，蓋上鍋蓋，以大火蒸10分鐘後熄火取出。

4

包飯用的蔬菜葉放入滾水（4杯）中燙30秒後撈起泡入冷水，冷卻後擠出水分。同一鍋水中放入包飯用的海帶，燙30秒後撈起瀝乾。白菜泡菜洗淨後擠乾水分。

5

取一個大碗，放入飯和所有拌飯調味料，確實拌勻製成調味飯。

6

取2/3分量的調味飯和杏鮑菇調味大醬，分放在高麗菜葉、蔬菜葉上，先放飯再放調味大醬，捲起葉片即製成包飯。剩下1/3分量的調味飯分放在海帶和白菜泡菜上，海帶包飯捲好後切成一口大小，再放上調味大醬；泡菜包飯則是先放入調味大醬，再捲起來。全數擺盤即完成。

＊請注意！
製作杏鮑菇調味大醬時容易燒焦，過程中一定要拌炒。各家的大醬口味稍有不同，請依實際味道調整鹹度。

豆腐鮮菇飯糰

156

菇類食材營養豐富，豆腐富含優良蛋白質，
這兩種食材非常適合成長中的孩子們食用，尤其適合作為早餐。
這一道營養飯糰清淡不膩口，蘇子油濃郁的香氣相當迷人，
搭配鹹鹹的烤海苔一起享用，相當美味！

★ 以其他器具製作營養飯的方法請見P.29。

豆腐鮮菇飯糰

料理時間：30至35分鐘
（＋米浸泡2小時）
食材：2至3人份
一人份熱量：456大卡

□ 米1又1/2杯（240公克）
□ 糙米1/2杯（80公克）
□ 秀珍菇1/2把（30公克）

□ 金針菇1/5包（30公克）
□ 豆腐（大盒板豆腐）1/2盒
　（150公克）
□ 烤海苔1/2杯（10公克）
□ 水2又1/4杯（450毫升，煮飯用）
□ 炒鹽（或竹鹽）1/2小匙
□ 蘇子油1小匙

1

米和糙米以水（3杯）浸泡2
小時後瀝乾水分。

2

秀珍菇和金針菇去除根部，
切成0.5公分的小丁。

3

豆腐以刀面壓碎，再以棉布
包裹擠出水分。★豆腐壓碎
的方法請見P.24。

4
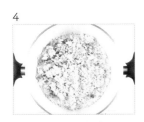

在鍋中倒入米和水（2又1/4
杯），蓋上鍋蓋，以大火煮
1分鐘，沸騰後轉中火煮2分
鐘，轉小火續煮15分鐘後熄
火，掀起蓋子，加入秀珍菇、
金針菇和豆腐，再蓋上鍋蓋
燜5分鐘。

5

將步驟④煮好的鮮菇飯放入
大碗中，倒入烤海苔、炒鹽、
蘇子油，確實拌勻。將拌好的
飯分成5等分，分別捏成飯糰
即完成。★也可不捏成飯糰，
直接作為拌飯食用。

＊**秀珍菇可先炒過**

　在熱鍋中放入食譜中的
秀珍菇，以及蘇子油1小
匙、炒鹽1/3小匙，以中
火拌炒1分鐘後熄火盛
出，在步驟④的時候加
入飯鍋中即可。炒過的
秀珍菇香氣會更濃郁。

＊**自製烤海苔**

烤海苔非常下飯，製作
方法也很簡單。準備5
片A4紙大小的海苔，撕
成邊長2至3公分的正方
形，放入大小適宜的保
鮮袋中，再加入白芝麻
1小匙、砂糖1又1/3小
匙、鹽2/3小匙、芝麻油
1又1/2大匙，充分混合
後，將袋中所有材料倒
入熱鍋中，以中火拌炒2
至3分鐘即完成。

黃豆富有蛋白質和脂肪，被稱為「地上長出來的肉」，
以黃豆為原材料製成的豆腐，不但口感軟嫩，
也保留了黃豆的營養價值。
食譜中的蘿蔔乾也可換成酸黃瓜，十分美味。

豆腐蘿蔔乾海苔飯捲

料理時間：35至40分鐘
食材：2人份
一人份熱量：297大卡
□ 飯1又1/2碗（300公克）
□ 豆腐（大盒板豆腐）1/2盒
　（150公克）
□ 鹽少許（豆腐調味用）
□ 乾香菇2朵
□ 菠菜1把（50公克）

□ 韓式辣蘿蔔乾1/2杯
　（60公克）
□ 海苔2張（A4紙大小）
□ 蘇子葉6片
□ 炒菜用油（食用油1大匙＋
　蘇子油1小匙）
香菇漬醬
□ 蘇子油1小匙
□ 炒鹽（或竹鹽）少許

菠菜漬醬
□ 炒鹽（或竹鹽）1/4小匙
□ 芝麻油1/2小匙
拌飯調味料
□ 芝麻油1大匙
□ 白芝麻1小匙
□ 炒鹽（或竹鹽）1/4小匙

1

豆腐切成1.5×1.5×8公分的
大小，上下兩面都撒鹽，靜置
於廚房紙巾上10分鐘。乾香菇
以溫水（2杯）浸泡20分鐘後
瀝乾水分，去除菌柄，切成厚
0.5公分的薄片。

2

菠菜摘除爛葉，以刀去根，一
葉一葉分開。處理好的菠菜
放入煮滾的鹽水（水5杯＋鹽
1小匙）中，煮30秒後撈出，
以冷水泡涼後擠乾水分。
★菠菜的處理方法請見P.19。

3

將香菇和香菇漬醬的材料放
入小碗中，混合均勻。將菠菜
和菠菜漬醬的材料放入另一
個碗中，混合均勻。

4

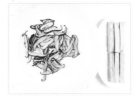

在熱鍋中倒入炒菜用油，放入
豆腐，以中火煎5分鐘，至表
面呈金黃色後盛出備用。將香
菇倒入剛才的熱鍋中，以中火
拌炒1分鐘後熄火盛出。

5

取一個大碗，放入飯和拌飯
調味料，混合均勻製成調味
飯。

6

在一片海苔上放1/2分量的調
味飯，把飯壓平後約占海苔
2/3的面積，再放上3片蘇子
葉、1/2分量的豆腐、菠菜、
香菇、韓式辣蘿蔔乾，捲起海
苔製成飯捲。另一片海苔也
以相同方式捲好，兩條飯捲
皆切成一口大小的片狀，擺盤
即完成。

柚香蘿蔔醬菜三明治

這一道料理中加入了清爽的小黃瓜、微酸的柚子釀，
以及鹹香的蘿蔔醬菜，老少咸宜，很適合用來招待客人。
可將蘿蔔醬菜和小黃瓜剁碎作為裝飾，非常漂亮。

柚香蘿蔔醬菜三明治

料理時間：20至25分鐘
食材：2人份
一人份熱量：296大卡
□ 糙米飯1又1/2碗（300公克）
□ 海苔1又1/2張（A4紙大小）
□ 蘿蔔醬菜60公克（切碎後
　1/2杯；酸黃瓜亦可）

□ 小黃瓜1/4條（50公克）
□ 柚子釀2/3大匙（10公克）
□ 芝麻油1小匙
拌飯調味料
□ 炒鹽（或竹鹽）1/3小匙
□ 芝麻油1小匙

1

海苔切成4等分。

2

蘿蔔醬菜和小黃瓜切碎。
★可預留一部分作為最後的裝飾。

3

將蘿蔔醬菜、柚子釀、芝麻油放入碗中，拌勻。

4

將糙米飯和所有拌飯調味料拌勻後，加入小黃瓜和步驟③拌好的蘿蔔醬菜，拌勻製成調味飯。

5

在12×12公分的正方形模具中放入1片步驟①裁好的海苔，放入1/4分量的調味飯，壓緊後放上一片海苔，最後放入1/4分量的調味飯，脫模即製成一塊大三明治。以相同的方法製作另一塊。

6

在刀面上抹一些芝麻油，將步驟⑤的大三明治切成4等分，再依據喜好以蘿蔔醬菜和小黃瓜裝飾即完成。

＊製作飯捲
　除了使用模具製作方形三明治，也可作成海苔飯捲。切飯捲時為了避免餡料掉出來，可在刀面上先抹一些芝麻油，再小心地切開。

菇類食材是寺院飲食中經常使用的養生食材，
有助於降低膽固醇、預防癌症，
也能促進體內毒素排出、血液循環、提高免疫力等。
這道料理使用了許多的菇類食材，是一道充滿健康概念的料理。

鮮菇握壽司

料理時間：30至35分鐘
食材：2人份
一人份熱量：292大卡

□ 熱飯1又1/2碗（300公克）
□ 香菇2朵（50公克）
□ 蘑菇2朵（40公克）
□ 杏鮑菇1/2個（40公克）

□ 秀珍菇1/2把（30公克）
□ 紅棗2顆
□ 水芹3根（可省略）
□ 蘇子油2小匙
□ 山葵醬少許
鹽水
□ 水1大匙

□ 鹽1/4小匙
糖醋水
□ 砂糖1又1/2大匙
□ 醋1又1/2大匙
□ 檸檬汁（或柚子汁）1大匙
□ 炒鹽（或竹鹽）1/4小匙

1

如圖將香菇、蘑菇、杏鮑菇切成厚0.5公分的薄片。秀珍菇切除根部後，一枝一枝撕開。紅棗去籽，每一顆切成3等分。將糖醋水的材料放入小碗中，混合均勻製成糖醋水。

2

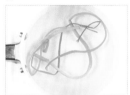

水芹摘掉葉子後，以流水洗淨，放入沸騰的鹽水（水3杯＋鹽1/2小匙）中燙30秒，撈起後泡冷水冷卻。將鹽水的材料放入小碗中，混合均勻製成鹽水。

3

在熱氣蒸騰的蒸鍋中鋪上棉布，放入切好的香菇和杏鮑菇，均勻淋上鹽水後蓋上鍋蓋，以大火蒸5分鐘後熄火盛出。

4

在熱鍋中加入1小匙蘇子油，以廚房紙巾將油塗抹均勻後，放入秀珍菇，以中火拌炒2分鐘後熄火盛出。以相同的方式將蘑菇炒熟。

5

將熱飯放入大碗中，視飯粒黏稠狀況分次加入糖醋水拌勻，製成調味飯。將調味飯捏成一口大小（約20公克）的小飯糰。

6

在小飯糰上放一些山葵醬，再分別放上香菇、杏鮑菇和秀珍菇製成握壽司。放上秀珍菇的握壽司以水芹綁好固定。蘑菇和紅棗搭配放在小飯糰上，製成另一種口味的握壽司。將所有握壽司擺盤即完成。

＊請注意！
製作握壽司時，建議將熱飯稍微放涼至微溫，再分次加入糖醋水，如此一來飯粒會更容易吸收糖醋水的味道，拌勻後飯粒也才不會太軟爛而不易塑形。菇類的烹調時間請遵照食譜指示，避免過度烹調而造成口感變硬。

桔梗根小飯糰

164

桔梗根小飯糰

桔梗根屬於鹼性食材，富含纖維質、礦物質和皂素，
有助於提高人體的免疫力、改善支氣管功能。桔梗根微苦，
搭配帶有淡淡香氣的大麥，別具風味。
桔梗根小飯糰的製作方法相當簡單，建議一定要試試！

★ 以其他器具製作營養飯的方法請見P.29。

料理時間：40至45分鐘
（＋米·大麥浸泡2小時）
食材：2人份
一人份熱量：327大卡
□ 米2/3杯（100公克）
□ 大麥1/3杯（50公克）

□ 桔梗根3條（50公克）
□ 水1又1/2杯
　（300毫升，煮飯用）
□ 蘿蔔芽少許
　（裝飾用，可省略）

糖醋水
□ 砂糖1又1/2大匙
□ 醋1又1/2大匙
□ 檸檬汁（或柚子汁）1大匙
□ 炒鹽（或竹鹽）1/3小匙

1

米和大麥洗淨後，米以2杯水、大麥以1杯水分別浸泡2小時後瀝乾水分。

2

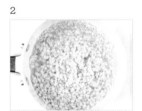

將泡好的米和大麥倒入煮鍋中，倒入1杯水，以大火煮15分鐘後撈出瀝乾。

3

將糖醋水的材料放入小碗中，攪拌均勻製成糖醋水。在桔梗根中加入鹽1大匙，拌勻後以冷水沖洗2至3次，瀝乾後切成0.5公分的小丁。

4

在煮鍋中重新加入米、大麥和水（1又1/2杯），蓋上鍋蓋，以大火煮至沸騰後轉中火煮2分鐘，轉小火續煮15分鐘後熄火。熄火後加入桔梗根，蓋上鍋蓋燜5分鐘。

5

將步驟④煮好的飯放入大碗中，分次加入糖醋水拌勻，製成調味飯。

6

將調味飯捏成適當大小，再以蘿蔔芽簡單裝飾，擺盤即完成。

＊以糙米代替大麥
沒有大麥的時候，也可使用糙米或蕎麥（1/3杯）代替。也可直接使用熱飯（2碗，400公克）來製作桔梗根飯糰。

小黃瓜含有充足的水分和維生素C，可幫助解渴、消水腫，
促使體內的老舊廢物排出。
清脆的小黃瓜吃起來相當清爽，非常適合在炎炎夏日裡品嘗。
食譜中的東風菜可依個人喜好以菠菜代替。

料理時間：30至35分鐘
食材：2至3人份
一人份熱量：395大卡

□ 熱飯2碗（400公克）
□ 小黃瓜2條（400公克）
□ 核桃1杯（70公克）

□ 東風菜（或菠菜）1把
　（50公克）
□ 炒鹽（或竹鹽）少許
□ 芝麻油1/2小匙
□ 山葵醬少許

糖醋水
□ 砂糖1又1/2大匙
□ 醋1又1/2大匙
□ 檸檬汁（或柚子汁）1大匙
□ 炒鹽（或竹鹽）1/3小匙

1

核桃以熱水（1杯）浸泡10分
鐘，以牙籤去皮。

2

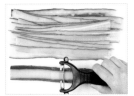

小黃瓜以削皮刀削掉表皮的
刺，以流水洗淨後切除頭尾，
以削皮刀刨成長條的薄片。

3

東風菜摘掉爛葉及根部較粗
的部分，以流水洗淨，放入沸
騰的鹽水（水4杯＋鹽1/2小
匙）中燙30秒，撈起後泡冷
水冷卻，瀝乾備用。

4

將糖醋水的材料放入小碗
中，混合均勻。將東風菜、炒
鹽、芝麻油放入另一個碗中，
拌勻。

5

將熱飯放入大碗中，分次加
入糖醋水拌勻，製成調味飯。

6

鋪平保鮮膜，將1/2分量的小
黃瓜稍微重疊地鋪在保鮮膜
上，再將調味飯鋪滿小黃瓜
的1/2面積，放上核桃、東風
菜和一點點的山葵醬，用力拉
捲保鮮膜，捲成一條小黃瓜
壽司捲。壽司捲連同保鮮膜
一起切成一口大小。剩下1/2
分量的材料也以相同的方法
製作，擺盤後即完成。

＊請注意！
小黃瓜片如果太厚會不
好捲，所以刨小黃瓜片
的時候請注意不能刨得
太厚。

薺菜粥 ①
泡菜粥 ②
艾草粥 ③

①

薺菜粥

薺菜是春季盛產的野菜，略帶苦味但香氣十足，很能夠促進食欲。
薺菜富含維生素、蛋白質和鈣，
有助於緩解感冒、春睏症及眼部疲勞。在粥品中加入了滿滿的薺菜，
品嘗的同時也能感受到大地回春的氣息。

★ 以飯代替生米煮粥的方法請見P.29。

料理時間：50至55分鐘
（＋糙米浸泡2小時）
食材：2人份
一人份熱量：199大卡
□ 糙米1/2杯（80公克）
□ 薺菜2把（100公克）
□ 芝麻油1小匙

□ 炒鹽（或竹鹽）1/2小匙
　（可依照喜好調整）
蔬菜高湯
（完成量3杯，600毫升）
□ 水4杯（800毫升）
□ 乾香菇2朵
□ 海帶5×5公分，1張

1

糙米以水（2杯）浸泡2小時後瀝乾水分。

2

將蔬菜高湯的製作材料放入鍋中，以大火煮沸後取出海帶，轉小火煮10分鐘，熄火後撈出香菇。

3

薺菜摘掉爛葉，以小刀去除鬚根後放入大碗中，加入剛好可蓋過薺菜的水量，輕輕搖晃大碗，重複數次洗淨。薺菜洗淨後切成長1公分的小段。★薺菜的處理方法請見P.18。

4

在果汁機或食物調理機中倒入泡好的糙米，將糙米打成小顆粒。攪打後的糙米約為原來體積的1/3。

5

在熱鍋中倒入芝麻油和步驟④打好的糙米，以中火拌炒2分鐘。

6

倒入步驟②的蔬菜高湯（3杯），大火煮滾後轉小火煮20分鐘。粥變得濃稠時加入薺菜煮5分鐘，最後加入炒鹽調味即熄火，盛出即可食用。

*請注意！

煮粥時如果太早加入薺菜，會因為烹調時間過長而使薺菜變黑，建議先將粥煮好，最後再加入薺菜。調味時如果覺得炒鹽的味道比較單調，也可使用韓式湯用醬油調味。

艾草在東方醫學中廣泛應用於各種病症，屬於一種養生食材。
有點兒冷的日子裡，為自己也為家人煮一鍋熱呼呼又香氣十足的艾草粥吧！

★以飯代替生米煮粥的方法請見P.29。

| 料理時間：30至35分鐘
（＋糙米浸泡2小時）
食材：2人份
一人份熱量：192大卡 | □ 糙米2/3杯（130公克）
□ 艾草1把（50公克）
□ 菠菜1/2把（20公克）
□ 銀杏10顆
□ 蔬菜高湯6杯（1.2公升） | ★蔬菜高湯的製作方法
　請見P.28
□ 芝麻油1/2大匙
□ 炒鹽（或竹鹽）2小匙
　（可依照喜好調整） |

1

糙米以水（2杯）浸泡2小時，瀝乾水分，放入果汁機或食物調理機中，將糙米攪打成原來體積的1/3。菠菜洗淨後放入食物調理機，加入蔬菜高湯（1/2杯），打碎後以棉布包裹擠出水分。

2

艾草以流水洗淨後瀝乾。銀杏先在熱鍋中拌炒5分鐘，再放在廚房紙巾上搓揉去皮並切碎。

3

在熱鍋中倒入芝麻油，放入步驟①打好的糙米，以中火拌炒2分鐘，倒入剩下的蔬菜高湯（5又1/2杯），以大火煮滾後轉小火，煮20分鐘至濃稠，最後加入菠菜汁、艾草、銀杏煮5分鐘，加入炒鹽調味後即可熄火，盛出即可食用。

家中常常會有一些剩餘的泡菜，放入粥品當中，輕輕鬆鬆就能製作出美味的泡菜粥。泡菜的種類可選擇酸泡菜或陳年泡菜，風味更佳。

★以飯代替生米煮粥的方法請見P.29。

| 料理時間：35至40分鐘
食材：2至3人份
一人份熱量：171大卡
□ 泡好的米（浸泡6小時）
　2/3杯（130公克） | □ 黃豆芽1又1/2把（80公克）
□ 白菜泡菜1又1/3杯（200公克）
□ 芝麻油1/2大匙
□ 蔬菜高湯5杯（1公升）
★蔬菜高湯的製作方法請見P.28 | □ 泡菜汁1/2杯（100毫升）
□ 韓式湯用醬油1大匙
□ 炒鹽（或竹鹽）1/3小匙
　（可依照喜好調整） |

1

黃豆芽在流水下洗淨，瀝乾。白菜泡菜切成0.5公分的小丁。

2

在熱鍋中倒入芝麻油和泡好的米，以中火拌炒2分鐘。

3

倒入蔬菜高湯（5杯）和泡菜汁，以大火煮滾後轉小火煮20分鐘，加入白菜泡菜和黃豆芽續煮5分鐘，最後加入炒鹽調味即熄火，盛出即可食用。

① 栗子粥
② 黃豆粥
③ 地瓜粥

③

栗子粥

栗子粥香氣十足、口感柔軟，是一道老少咸宜的營養料理。
韓國有句話說：「一天三顆栗子，再也不必吃藥。」栗子富含營養成分，
而且在堅果類中只有栗子含有維生素C！
栗子所含的維生素C不會因為加熱而被破壞，非常適合煮粥。
★ 以飯代替生米煮粥的方法請見P.29。

料理時間：50至55分鐘
（＋糙米浸泡2小時）
食材：2人份
一人份熱量：250大卡
☐ 糙米1/2杯（80公克）
☐ 栗子仁12顆（120公克）
☐ 芝麻油1小匙

☐ 炒鹽（或竹鹽）1小匙
（可依照喜好調整）
蔬菜高湯
（完成量3杯，600毫升）
☐ 水4杯（800毫升）
☐ 乾香菇2朵
☐ 海帶5×5公分，1張

1

糙米以水（2杯）浸泡2小時
後瀝乾水分。

2

將蔬菜高湯的製作材料放入
鍋中，以大火煮沸後取出海
帶，轉小火煮10分鐘，熄火
後撈出香菇。

3

在果汁機或食物調理機中倒
入泡好的糙米，將糙米打成
原來體積的1/3。

4

栗子仁放入碗中，加入剛好
蓋過的水，浸泡15分鐘，瀝
乾後切碎。

5

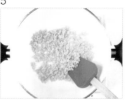

在熱鍋中倒入芝麻油和打好
的糙米，以中火拌炒2分鐘。

6

倒入步驟②的蔬菜高湯（3
杯），大火煮滾後轉小火，煮
15分鐘後加入栗子仁，再煮
10分鐘，最後加入炒鹽調味
即熄火，盛出即可食用。
★栗子仁的顆粒如果太大，可
以食物調理機打碎。如果想更
甜一些，可加入砂糖調味。

黃豆是寺院飲食中經常使用的高蛋白食材。
香濃的黃豆粥可提高食欲，如果搭配韓式水泡菜一起食用也很美味。
★ 以飯代替生米煮粥的方法請見P.29。

料理時間：35至40分鐘
（＋黃豆、米浸泡6小時）
食材：2至3人份
一人份熱量：395大卡

□ 糙米1杯（160公克）
□ 黃豆1杯（140公克）
□ 水4杯（800毫升）

□ 炒鹽（或竹鹽）2小匙
　（可依照喜好調整）

黃豆粥

1

黃豆洗淨後以水（4杯）充分浸泡6小時以上。糙米以水（2杯）浸泡2小時後瀝乾水分。

2

泡好的黃豆搓揉去皮，放入滾水（4杯）中燙煮5分鐘後撈起瀝乾水分。將燙過的黃豆放入果汁機或食物調理機中打碎。倒出黃豆，再將糙米放入機器中，打成原來體積的1/3。

3

在鍋中倒入步驟②打碎的黃豆和糙米以及水（4杯），以大火煮沸後轉小火，續煮25分鐘，將糙米充分煮軟，再加入炒鹽調味，熄火即可盛出食用。

傳說釋迦牟尼修行時，曾服用一位牧羊女所提供的牛奶粥，
因而恢復了體力。這道地瓜粥就是根據牛奶粥改良而成。
★ 以飯代替生米煮粥的方法請見P.29。

料理時間：50至55分鐘
（＋糙米浸泡2小時）
食材：2人份
一人份熱量：328大卡

□ 糙米1/2杯（80公克）
□ 地瓜1個（200公克）
□ 水3杯（600毫升）
□ 牛奶1杯（200毫升）

□ 炒鹽（或竹鹽）1小匙
　（可依照喜好調整）

地瓜粥

1

糙米以水（1又1/2杯）浸泡2小時後瀝乾水分。

2
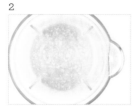
將地瓜放入煮鍋中，加入剛好蓋過的水，以中火煮25至30分鐘後熄火撈出。在果汁機或食物調理機中倒入泡好的糙米、煮好的地瓜和水（1/2杯），打碎。

3

在鍋中加入步驟②打好的食材和水（2又1/2杯），以大火煮滾後轉小火，續煮15分鐘，倒入牛奶後再煮10分鐘，最後加入炒鹽調味即可熄火，盛出即可食用。

梅香蔬菜拌麵

176

泡菜冷麵

梅香蔬菜拌麵

酸酸甜甜的梅子醬加上清脆的黃豆芽和蔬菜，
製作成這一道可口的拌麵。這道料理不但令人食指大動，
製作方式也很簡單。
拌麵醬可另加入1/6顆的蘋果，味道會更為甜美。

料理時間：30至35分鐘
食材：2人份
一人份熱量：424大卡
□ 麵線1又2/3把（140公克）
□ 美生菜6片
　（手掌大小，60公克）
□ 高麗菜3片
　（手掌大小，90公克）

□ 秀珍菇1把（50公克）
□ 黃豆芽1又1/2把（80公克）
拌麵醬
□ 醋2大匙
□ 韓式釀造醬油1大匙
□ 梅釀1大匙
□ 麥芽糖漿（或果糖、寡糖）
　2大匙

□ 辣椒醬3大匙
□ 芝麻油1大匙
□ 生薑汁1/2小匙
□ 胡椒粉少許

1

將拌麵醬的製作材料放入小碗中，混合均勻製成拌麵醬。

2

美生菜對切後再切成寬0.5公分的長條。高麗菜切成寬0.3公分的細條。秀珍菇切除根部後，一枝一枝撕開。

3

在鍋中放入黃豆芽和水（1杯），蓋上鍋蓋，以大火煮3分30秒後撈起沖冷水冷卻。將鍋中煮黃豆的水倒掉，重新倒入水（5杯），煮沸後放入秀珍菇，燙30秒後撈出泡冷水，冷卻後擠乾水分。

4

在步驟③的鍋中放入麵線，以大火煮3分30秒。中途沸騰時，分次將1/2杯的冷水倒入鍋中。

5

將麵線撈出，迅速以冷水多次沖洗後瀝乾。

6

在大碗中放入麵線、拌麵醬、高麗菜、美生菜、黃豆芽、秀珍菇，拌勻所有食材即完成。

＊製作不辣的拌麵醬
準備白芝麻1大匙、砂糖4大匙、醋1又1/2大匙、韓式釀造醬油6大匙、蜂蜜1/2大匙、柚子釀2大匙、生薑汁1/2小匙，將所有材料混合均勻，即可製成酸酸甜甜的拌麵醬，相當適合給孩子們食用。

蔬菜高湯中放入泡菜汁，拌匀後放入冰箱短暫發酵，
味道更加香醇濃厚。
清脆的小黃瓜、梨子和辣味的泡菜，
這三種食材的搭配呈現出絕妙的冷麵風味！
食用時可在湯底中加入一點碎冰，口感會更加清爽。

泡菜冷麵

料理時間：1小時
食材：2人份
一人份熱量：289大卡

□ 麵線1又2/3把（140公克）
□ 小黃瓜1/4條（50公克）
□ 梨子1/16顆
　（30公克，可省略）

□ 白菜泡菜1/3杯（50公克）
□ 白芝麻少許
□ 芝麻油少許
蔬菜高湯
（完成量2杯，400毫升）
□ 水3杯（600毫升）
□ 乾香菇2朵

□ 海帶5×5公分，1張
調味料
□ 泡菜汁1杯（200毫升）
□ 砂糖1大匙
□ 醋1大匙
□ 炒鹽（或竹鹽）1小匙
　（依照泡菜汁的鹹度調整）

1

將蔬菜高湯的製作材料放入鍋中，大火煮沸後取出海帶，轉小火煮10分鐘，熄火後撈出香菇。

2

將步驟①的蔬菜高湯（2杯）和所有調味料放入碗中，攪拌均匀，蓋上保鮮膜後放入冷凍室30分鐘至1小時，製成湯底。★請先將步驟⑤煮麵所需要的水（6杯）倒入鍋中煮沸。

3

小黃瓜削成薄片後，再切成長5公分的細絲。梨子削皮後也切成細絲。

4

白菜泡菜切末，加入芝麻油和白芝麻拌匀。

5

將麵線放入滾水（6杯）中，以大火煮3分30秒。中途沸騰時，分次將1/2杯的冷水倒入鍋中。

6

將煮好的麵線撈出，迅速以冷水多次沖洗後瀝乾。

7

在碗中放入麵線，倒入步驟②的湯底，最後放上小黃瓜、梨子和白菜泡菜即完成。

善用平時的剩菜或是少量的蔬菜，就能作出令人驚喜的料理。
這道料理的主角是蕎麥麵，嚼勁兒十足，搭配柚子釀相當美味。
柚子富含維生素和檸檬酸，具有特別的香氣，
能幫助提高食欲、清理腸胃、改善消化不良、緩解疲勞等。

柚香蕎麥麵

料理時間：30至35分鐘
食材：2至3人份
一人份熱量：483大卡
□ 蕎麥麵3又2/3把（300公克）
□ 美生菜2片
　（手掌大小，20公克）
□ 蘇子葉10片（20公克）

□ 梨子（或蘋果）1/6顆
　（80公克）
□ 小黃瓜1/2根（100公克）
□ 小番茄3顆
□ 苜蓿芽20公克（可省略）
□ 豌豆苗少許
　（5公克，可省略）

拌麵醬
□ 白芝麻1大匙
□ 砂糖4大匙
□ 醋1/2大匙
□ 韓式釀造醬油6大匙
□ 蜂蜜1/2大匙
□ 柚子釀2大匙
□ 生薑汁1/2小匙

1

將拌麵醬的製作材料放入小碗中，混合均勻即製成拌麵醬。

2

美生菜對切後再切成寬0.5公分的長條。蘇子葉洗淨後切成寬0.5公分的長條。★請先將步驟⑤煮麵所需要的水（8杯）倒入鍋中煮沸。

3

梨子削皮後切成厚0.5公分的長條。小黃瓜削成薄片後，再切成長5公分的細絲。小番茄洗淨後對切。

4

苜蓿芽和豌豆苗以流水洗淨後瀝乾。

5

將蕎麥麵放入滾水（8杯）中，根據包裝指示煮熟後撈出，迅速以冷水沖洗多次後瀝乾。

6

在大碗中放入蕎麥麵、美生菜、蘇子葉、梨子、小黃瓜、小番茄、豌豆苗、苜蓿芽、拌麵醬，將所有食材拌勻即完成。

＊製作辣味拌麵醬
在本食譜的拌麵醬中加入3大匙的辣椒醬，就能製作辣味的拌麵醬。拌麵醬的使用量可依照個人喜好調整。

馬鈴薯豆漿麵

將馬鈴薯切成細絲代替麵條，以營養豐富的豆漿作為湯底，
很快就能製作出這一道清爽的馬鈴薯豆漿麵。
豆漿含有豐富的植物性蛋白質和大豆異黃酮，
對於維持身體健康很有幫助。

馬鈴薯豆漿麵

料理時間：30至35分鐘
（＋黃豆浸泡6小時）
食材：2至3人份
一人份熱量：442大卡
□ 黃豆2杯（280公克）

□ 煮黃豆水4杯（800公克）
□ 松子1大匙
□ 炒鹽（或竹鹽）2/3大匙
　（可依照喜好調整）
□ 馬鈴薯1又1/2顆（300公克）

□ 小黃瓜1/10條（20公克）
□ 冰水少許

1

黃豆洗淨後以水（6杯）充分
浸泡6小時。

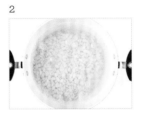

2

以手搓揉泡好的黃豆，去皮。
將去皮後的黃豆放入滾水（6
杯）中，以大火煮15至20分
鐘，熄火後撈起，瀝乾水分。
煮黃豆的水不要倒掉，備用。

3

黃豆放涼後放入果汁機或食
物調理機中，加入步驟②保
留的煮黃豆水（4杯），倒入
松子，一起打碎，再加入炒鹽
調味即製成豆漿。將打好的
豆漿放入冷藏室冷卻。

4

馬鈴薯洗淨後以削皮刀去
皮，切成細絲。小黃瓜先切成
長5公分的的大段，再切成細
絲。

5

將馬鈴薯放入煮滾的鹽水
（水5杯＋鹽1小匙）中，燙
15秒後撈出放入冰水中，冷
卻後撈出瀝乾。

6

將步驟⑤的馬鈴薯細絲放入
碗中，倒入步驟③的豆漿，加
入一點冰塊，再放上小黃瓜
絲即完成。如果覺得味道太
淡，可再加入一些炒鹽調味。
★也可使用石花菜涼粉（400
公克）代替馬鈴薯。

＊請注意！
煮黃豆的時間如果不夠
長，打出來的豆漿會有
腥味，如果煮得太久則
會有酸味，請遵循食譜
指示的時間操作。可藉
由試吃來判斷黃豆是否
已經煮熟，如果吃起來
柔軟有香味，就代表可
熄火撈出。馬鈴薯煮好
後要立刻泡進冰水中，
不但可保有清脆口感，
也可防止褐變。

荷香刀切麵

荷葉有助於降低血壓，並緩解腹瀉、頭痛和頭昏，
非常適合老人家。製作刀切麵時，在麵團中添加荷葉，
麵體就會有淡淡的荷葉香。如果不容易取得荷葉，
也可使用一般較常見的食材代替。

荷香刀切麵

料理時間：50至55分鐘
食材：2人份
一人份熱量：756大卡
□ 馬鈴薯2顆（400公克）
□ 荷葉1片（可省略）
□ 麵粉3杯（300公克）
□ 水1杯（200毫升）

□ 炒鹽（或竹鹽）1/3小匙
□ 菠菜1/2把（30公克）
□ 櫛瓜1/2條（140公克）
□ 胡蘿蔔1/8根
　（25公克，可省略）
□ 麵粉1大匙（手粉）
□ 韓式湯用醬油1大匙

□ 炒鹽（或竹鹽）1小匙
　（可依據個人喜好調整）
蔬菜高湯
（完成量7杯，1.4公升）
□ 水8杯（1.6公升）
□ 乾香菇4朵
□ 海帶5×5公分，3張

1

將蔬菜高湯的製作材料放入鍋中，以大火煮沸後取出海帶，轉小火煮10分鐘，熄火後撈出香菇。

2

取1顆馬鈴薯，洗淨後刨成絲，以棉布包裹擠乾水分。荷葉以廚房紙巾擦乾，放入果汁機或食物調理機中，加水（1/2杯）攪碎後以棉布包裹擠出水分，擠出的荷葉水請保留備用勿丟棄。

3

將麵粉倒入大碗中，再倒入步驟②的荷葉水（1/2杯）、馬鈴薯細絲、水（1/2杯）、炒鹽1/3小匙，徹底攪拌均勻製成麵團。將麵團放入保鮮袋，置於冷藏室發酵30分鐘。

4

菠菜摘掉爛葉後洗淨瀝乾。將剩下的那顆馬鈴薯去皮，切成厚0.5公分的厚片，再以十字切的方式將每一片切成4等分。取用步驟①撈出的1朵香菇，擠乾水分，去除菌柄後切成細絲。櫛瓜切成長4公分的大段後，和胡蘿蔔一起切成寬0.5公分的細條。

5

在料理檯上均勻撒上手粉，放上步驟③發酵好的麵團，以擀麵棍擀至厚度為0.3公分。捲起麵團，切成寬0.5公分的麵條。

6

將步驟①的蔬菜高湯（7杯）以大火煮滾後，加入製作好的麵條和馬鈴薯片煮5分鐘，加入櫛瓜、胡蘿蔔、香菇、菠菜、湯用醬油、炒鹽1小匙，續煮2分鐘，熄火即可盛出食用。

＊製作荷香麵疙瘩

　本食譜的麵團在冷藏室發酵30分鐘後，也可不必切成麵條，而是直接撕成一口大小的薄片，在步驟⑥中加入高湯裡，煮成一鍋好吃的荷香麵疙瘩。

香醇的蘇子配搭嚼勁十足的各種菇類，
製作成這一道好吃的蘇子麵疙瘩。蘇子富含不飽和脂肪酸和鐵，
有助於抗癌，還能促使排出體內的毒素、改善貧血。
帶殼的蘇子打碎後建議以棉布過濾，口感才不會過於粗糙。

蘇子麵疙瘩

料理時間：50至55分鐘
食材：2至3人份
一人份熱量：513大卡

□ 帶殼蘇子1杯（100公克；
　或蘇子粉1又1/3杯）
□ 菠菜1把（50公克）

□ 秀珍菇1把（50公克）
□ 黃色金針菇1把
　（50公克；或一般金針菇）
□ 麵粉3杯（300公克）
□ 水1又1/4杯（250毫升）
□ 炒鹽（或竹鹽）1/3小匙

□ 韓式湯用醬油2大匙
蔬菜高湯
（完成量10杯，2公升）
□ 水11杯（2.2公升）
□ 乾香菇5朵
□ 海帶5×5公分，3張

1

將蔬菜高湯的製作材料放入鍋中，以大火煮沸後取出海帶，轉小火煮10分鐘，熄火後撈出香菇。

2

帶殼蘇子過篩後洗淨，和步驟①的蔬菜高湯（1杯）倒入果汁機或食物調理機中攪碎，製成蘇子汁。菠菜摘掉爛葉後洗淨瀝乾，放入果汁機或食物調理機加水（1/2杯）打碎，再以棉布包裹，將菠菜汁擠到碗中。

3

秀珍菇和黃色金針菇去除根部後，一枝一枝撕開。取用步驟①撈出的1朵香菇，擠乾水分，去除菌柄後切成細絲。

4

在大碗中倒入麵粉、菠菜汁（1/2杯）、水（3/4杯）、炒鹽，徹底攪拌均勻後製成麵團，放入保鮮袋，置於冷藏室發酵30分鐘。★菠菜汁置於冷藏室中保存1天後再使用更好。

5

在鍋中加入步驟②的蘇子汁、步驟①的蔬菜高湯（9杯），以大火煮滾。煮滾後將步驟④的麵團撕成一口大小的薄片，放入湯中煮5分鐘。

6

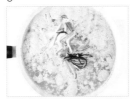

鍋中的麵疙瘩浮起來後，放入秀珍菇、香菇和湯用醬油，煮2分鐘後熄火。剛煮熟的食材立即盛到碗裡，最後放入黃色金針菇即完成。

＊**選擇不同蔬菜製作麵疙瘩**

食譜中的菠菜也可以青花菜或胡蘿蔔50公克代替，和1/2杯的水一起倒入果汁機或食物調理機中，攪碎後以棉布包裹擠出蔬菜汁，在步驟④中代替菠菜汁。也可使用其他的蔬菜汁代替菠菜汁。

薺菜的香氣十分濃郁，就算沒有搭配小菜也不會顯得單調。
湯底使用蔬菜高湯，由海帶和乾香菇熬煮出甘醇的味道，
不必加入其他特殊材料也能有香濃的風味。

薺菜年糕湯

料理時間：35至40分鐘
食材：2人份
一人份熱量：386大卡
☐ 韓式年糕片3杯（300公克）
☐ 薺菜4把（80公克）
☐ 胡蘿蔔1/10根（20公克）
☐ 韓式湯用醬油2大匙

☐ 炒鹽（或竹鹽）1/2小匙
　（可依照喜好調整）
蔬菜高湯
（完成量6杯，1.2公升）
☐ 水7杯（1.4公升）
☐ 乾香菇3朵
☐ 海帶5×5公分，2張

1

將蔬菜高湯的製作材料放入鍋中，以大火煮沸後取出海帶，轉小火煮10分鐘，熄火後撈出香菇。

2

薺菜摘掉爛葉，以小刀去除根部的鬚根後放入碗中，加入剛好可蓋過薺菜的水量，輕輕搖晃幾次，洗淨薺菜。

3

胡蘿蔔切成長6公分、寬0.5公分的長條。取用步驟①撈出的1朵香菇和1張海帶，香菇擠乾水分後切除菌柄，香菇和海帶皆切成寬0.5公分的長條。薺菜以刀子切成2至4等分。

4

在鍋中倒入蔬菜高湯（6杯），以大火煮沸後放入年糕片，煮2分鐘。

5

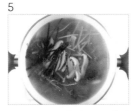

放入薺菜、胡蘿蔔、湯用醬油和炒鹽，續煮2分鐘，加入香菇和海帶續煮30秒，熄火即可盛出食用。

＊使用其他野菜代替薺菜
　可使用艾草代替薺菜，
　「艾草年糕湯」的香氣
　也十分濃郁。沒有薺菜
　和艾草的季節也可使用
　水芹35根或茼蒿1又1/2
　把（80公克），在步
　驟⑤中代替薺菜加入鍋
　中，十分美味。

香菇餃子的味道清淡，蔬菜高湯和各種蔬菜所煮成的湯底味道香醇，
兩者搭配，製作出這一道美味的香菇湯餃。
餃子可一次大量製作後冷凍保存，食用時不須退冰，
直接放入熱湯或燉菜中煮10分鐘即可食用。

香菇湯餃

料理時間：50至55分鐘
食材：2人份
一人份熱量：221大卡

- [ ] 櫛瓜1/3條（90公克）
- [ ] 馬鈴薯1/2顆（100公克）
- [ ] 胡蘿蔔1/6根
　（30公克，可省略）
- [ ] 韓式湯用醬油1大匙
- [ ] 炒鹽（或竹鹽）1/2小匙
　（可依照喜好調整）

餃子
- [ ] 水餃皮（直徑8公分）16張
- [ ] 豆腐（小盒板豆腐）1/2盒
　（100公克）
- [ ] 韓國粉絲（浸泡30分鐘）
　1/3把（30公克）
- [ ] 綠豆芽2把（100公克）
- [ ] 櫛瓜1/3條（90公克）
- [ ] 鹽1/3小匙（醃漬櫛瓜用）
- [ ] 香菇1朵（25公克）

- [ ] 白菜泡菜1杯（150公克）

餃子餡調味醬
- [ ] 芝麻油1/2大匙
- [ ] 炒鹽（或竹鹽）1/2小匙
- [ ] 白芝麻1/2小匙

蔬菜高湯（完成量6杯，1.2公升）
- [ ] 水7杯（1.4公升）
- [ ] 乾香菇3朵
- [ ] 海帶5×5公分，2張

1

將蔬菜高湯的製作材料放入鍋中，以大火煮沸後取出海帶，轉小火煮10分鐘，熄火後撈出香菇。

2

將豆腐以刀面壓碎，再以棉布包裹擠出水分。浸泡過的韓國粉絲在滾水（4杯）中燙5分鐘，熄火後撈出瀝乾，切成長1.5公分的小段。同一鍋水中放入綠豆芽燙1分30秒，熄火撈出後泡冷水，瀝乾水分，切成長1公分的小段。

3

將製作餃子用的櫛瓜切成0.5公分的小丁，以鹽醃漬5分鐘。香菇切除菌柄，切成0.5公分的小丁。白菜泡菜稍微抖掉醬料後，切成0.5公分的小丁。

4

將步驟②、③處理好的食材放入大碗中拌勻，製成餡料。

5

水餃皮中央放上2大匙餡料，在水餃皮的邊緣抹上一點水，將水餃皮對摺壓緊，兩端的尖角緊緊捏合，作成圓圓的餃子形狀。剩下的材料以同樣的方法包成水餃。

6

櫛瓜先切成厚0.5公分的薄片再對切。馬鈴薯切成厚0.5公分的薄片後，以十字切的方式將每一片切成4等分。胡蘿蔔切成寬0.5公分的長條。取用步驟①撈出的1朵香菇和1張海帶，香菇擠乾水分後切除菌柄，與海帶一起切成寬0.5公分的長條。

7

在鍋中倒入步驟①的蔬菜高湯（6杯），以大火煮滾，放入馬鈴薯煮1分30秒，放入餃子煮3分鐘，加入櫛瓜、胡蘿蔔、香菇、海帶、湯用醬油和炒鹽，續煮2分30秒即熄火，盛出即可食用。

鮮菇馬鈴薯丸子湯

馬鈴薯被稱為「土裡的蘋果」，含有豐富的維生素C，
因為有澱粉的包裹，營養素不會在烹調的過程中流失。
馬鈴薯磨成泥之後，可作成清淡的丸子，相當有嚼勁。
製作時也可依照個人喜好，
加入不同的菇類，作成不同口味的丸子。

鮮菇馬鈴薯丸子湯

料理時間：40至45分鐘
食材：2人份
一人份熱量：225大卡
□ 馬鈴薯3顆（600公克）
□ 珍珠菇2把（100公克）
□ 櫛瓜1/5條（50公克）

□ 炒鹽（或竹鹽）1小匙
□ 韓式湯用醬油1大匙
蔬菜高湯（完成量5杯，1公升）
□ 水6杯（1.2公升）
□ 乾香菇3朵
□ 海帶5×5公分，2張

1

將蔬菜高湯的製作材料放入鍋中，以大火煮沸後取出海帶，轉小火煮10分鐘，熄火後撈出香菇。

2

將馬鈴薯以磨泥器磨成泥狀，再以棉布包裹將水分擠到碗裡，碗中的水請靜置20分鐘，讓澱粉沉澱。★製作馬鈴薯丸子的方法請見P.22。

3

珍珠菇切除根部後一枝一枝撕開。櫛瓜縱向對切後再切成厚0.5公分的薄片。取步驟①中的1朵香菇和1張海帶，香菇擠乾水分後切除菌柄，和海帶一起切成寬0.3公分的長條。

4

將步驟②碗裡的水倒掉，留下沉澱的澱粉並放入馬鈴薯泥中，加入炒鹽（1/2小匙）拌勻，搓成數顆直徑2公分的丸子。

5

將步驟①的蔬菜高湯（5杯）倒入鍋中，以大火煮沸時放入步驟④的馬鈴薯丸子，煮3分鐘。

6

鍋中繼續加入珍珠菇、櫛瓜、香菇、海帶、湯用醬油和炒鹽（1/2小匙），煮2分鐘後熄火，盛出即可食用。

＊請注意！
製作馬鈴薯丸子時除了可使用磨泥器之外，也可使用食物調理機將馬鈴薯磨成泥，但是使用食物調理機比較容易發生褐變，也會破壞較多的膳食纖維，影響口感。

茄子豆漿義大利麵

義大利麵現在已經是相當普及的一種西式料理，隨著時代的變遷，
現代的寺院飲食中也會製作義大利麵來增添飲食趣味。
為了符合寺院飲食的精神，食材和料理方法都會有所調整，
除了醬汁與一般的義大利醬不同之外，
食材中也使用了大量的鮮菇和蔬菜代替肉類。

茄子豆漿義大利麵

料理時間：40至45分鐘
食材：2人份
一人份熱量：434大卡

□ 義大利麵條2把（160公克）
□ 馬鈴薯1/2顆（100公克）
□ 茄子1根（150公克）
□ 蘑菇2朵（40公克）
□ 豆漿2杯（400毫升）
□ 橄欖油2大匙
□ 炒鹽（或竹鹽）少許
□ 胡椒粉少許

1

馬鈴薯削皮後對切放入鍋中，加入蓋過馬鈴薯的水和1/2小匙的鹽，蓋上鍋蓋，以大火煮10分鐘。★請預先將步驟④煮麵用的水（8杯）煮沸。

2

茄子縱切成兩半，再切成6至8等分。蘑菇切除菌柄，切成厚0.5公分的薄片。

3

在碗中將煮熟的馬鈴薯以湯匙壓成泥。

4

將義大利麵條放入滾水（水8杯＋鹽1小匙）中，滾煮的時間比包裝上的指示少2分鐘，撈出後瀝乾。

5

在熱鍋中倒入1/2大匙橄欖油，放入蘑菇，以大火拌炒30秒後加入炒鹽和胡椒粉，拌匀後熄火盛出。同一個鍋再次加熱，倒入1大匙橄欖油，放入茄子，以大火拌炒2分30秒後加入炒鹽和胡椒粉，拌匀後熄火盛出。

6
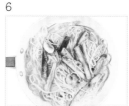
在步驟⑤的熱鍋中倒入1/2大匙橄欖油，放入義大利麵，以大火拌炒30秒後，倒入豆漿和馬鈴薯泥充分拌匀，沸騰時加入蘑菇和茄子，拌炒1分鐘，最後加入1/2小匙炒鹽調味即可熄火，盛出擺盤即完成。★鹽的用量可依個人喜好調整。

這一道料理考量了孩子們喜愛的口感，同時也兼顧了健康的概念。
甜甜的南瓜加上豆漿製成了獨特的醬汁，
加上有嚼勁的秀珍菇和軟嫩的蘑菇，口感一下子豐富了起來。
菇類的選擇可依照個人喜好，總使用量為150公克。

南瓜鮮菇義大利麵

料理時間：40至45分鐘
食材：2人份
一人份熱量：560大卡
□ 義大利麵條2把（160公克）

□ 南瓜1/10顆（80公克）
□ 蘑菇5朵（100公克）
□ 秀珍菇1把（50公克）
□ 豆漿2杯（400毫升）

□ 橄欖油2大匙
□ 炒鹽（或竹鹽）少許
□ 胡椒粉少許

1

南瓜去皮，切成厚0.3公分的薄片。蘑菇切除菌柄，切成厚0.5公分的薄片。秀珍菇一枝一枝撕開。★請預先將步驟⑤煮麵用的水（8杯）煮沸。

2

在熱鍋中倒入1/2大匙橄欖油，放入蘑菇和秀珍菇，以大火拌炒1分鐘後，加入炒鹽和胡椒粉，拌勻後熄火盛出。

3

在熱鍋中倒入1大匙橄欖油和南瓜，以大火拌炒1分鐘，加入炒鹽和胡椒粉，拌勻後熄火盛出。

4

將步驟③炒好的南瓜和豆漿放入食物調理機中攪打，製成醬汁。

5
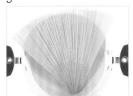
將義大利麵條放入滾水（水8杯＋鹽1小匙）中，滾煮的時間比包裝上的指示少2分鐘，撈出後瀝乾。

6

在熱鍋中倒入1/2大匙橄欖油和義大利麵，以大火拌炒30秒，加入步驟④製成的醬汁，拌勻，續煮1分30秒，加入蘑菇和秀珍菇拌炒30秒，最後加入1/2小匙炒鹽調味，熄火，盛出擺盤即完成。★鹽的用量可依個人喜好調整。

＊南瓜去皮的訣竅
將南瓜放入微波爐（700瓦）中微波2至3分鐘，稍微軟化表皮，去皮會更為容易。取出南瓜切成兩半，去籽後以外皮朝上的方式放在砧板上，一手按住南瓜，一手持刀稍微出力，慢慢地把皮削掉。

隨著時代的變化，僧侶們的見聞更加廣博，
傳統的寺院飲食也有了許多的改良。
這一道炸醬麵以大醬代替傳統的甜麵醬，
並加入了大量的蔬菜，口味清爽，有助於促進消化。

蔬菜炸醬麵

料理時間：35至40分鐘
食材：2人份
一人份熱量：542大卡
□ 烏龍麵2包（400公克）
芡汁
□ 太白粉2大匙
□ 水1/4杯（50毫升）

蔬菜高湯（完成量4杯，800毫升）
□ 水5杯（1公升）
□ 乾香菇3朵
□ 海帶5×5公分，2張
大醬醬汁
□ 馬鈴薯1/4顆（50公克）
□ 胡蘿蔔1/10根（20公克）
□ 櫛瓜1/7條（40公克）

□ 鮮香菇1朵（25公克）
□ 高麗菜葉1片
　（手掌大小，20公克）
□ 大醬1/2杯（100公克）
□ 食用油2大匙
□ 辣椒醬1大匙
□ 炒鹽（或竹鹽）少許
□ 胡椒粉少許

1

將蔬菜高湯的製作材料放入
鍋中，以大火煮沸後取出海
帶，轉小火煮10分鐘，熄火
後撈出香菇。

2

製作大醬醬汁使用的馬鈴薯、
胡蘿蔔、櫛瓜、鮮香菇、高麗
菜皆切成1.5公分的大丁。

3

在熱鍋中倒入1大匙食用油，
依序放入步驟②的食材（馬
鈴薯→胡蘿蔔→櫛瓜→鮮香
菇→高麗菜），每種食材拌炒
30 秒後再放入下一種食材，
共炒2分30秒，最後加入炒鹽
和胡椒粉，拌勻後盛出。

＊請注意！
每一家廠牌的大醬口味
稍有不同，可先將大醬
減量至1/3杯，再依照個
人喜好調整用量。

4

步驟③的鍋子再次燒熱，放
入食用油1大匙和大醬、辣椒
醬，以小火拌炒2分鐘。

5

鍋中繼續加入步驟③炒好的
蔬菜，以及步驟①的蔬菜高
湯（4杯），拌勻後以大火煮
沸，持續煮沸1分鐘後加入芡
汁2大匙（加入前再次攪拌均
勻），煮1分鐘後熄火，製成
大醬醬汁。

6

將烏龍麵放入滾水（5杯）
中，按照包裝上指示的時間
煮熟後，撈出泡冷水，冷卻後
撈出瀝乾。

7

將烏龍麵盛入碗中，淋上步
驟⑤的大醬醬汁即完成。

原味呈現的

寺院小菜

寺院小菜不使用五辛菜，而是使用最少量的調味料，
保存了食材最自然的味道和香氣。
泡菜和醃漬物是飯桌上不可或缺的小菜，
這些清爽的涼拌菜和醬菜可長期保存，
就算不是蔬菜產季，也能攝取到蔬菜的營養。

201

涼拌防風草 ③
涼拌小黃瓜 ②
涼拌蜂斗菜 ①

①

②

③

涼拌香菇青花菜

青花菜和香菇搭配梅釀，製作成這一道帶有酸味的涼拌菜。
青花菜連梗氽燙後再拌入醬料，口感極佳。

料理時間：20至25分鐘
食材：2至3人份
一人份熱量：98大卡
☐ 青花菜1棵（300公克）
☐ 香菇3朵（75公克）

醬料
☐ 辣椒粉1大匙
☐ 醋3大匙
☐ 韓式釀造醬油1/2大匙
☐ 梅釀3大匙

☐ 辣椒醬3大匙
☐ 白芝麻1/2小匙
☐ 芝麻油1小匙

1

將青花菜的花冠分切成長3公分的塊狀，莖的部分以削皮刀削掉表皮，切成寬0.5公分的長條。香菇去除菌柄，切成厚0.5公分的薄片。

2

在煮滾的鹽水（水5杯＋鹽1小匙）中放入香菇，燙30秒後撈起泡冷水，瀝乾水分。同一鍋鹽水中放入青花菜，燙1分鐘後撈起泡冷水，瀝乾水分。

3

將醬料的製作材料放入大碗中拌勻，再放入香菇和青花菜。所有食材拌勻即完成。

涼拌防風草

春天一到，有些超市會販售新鮮的防風草。防風草在醫學應用上，
因為可預防中風而得名，對於預防感冒和緩解頭痛也有一定的幫助。

料理時間：15至20分鐘
食材：2至3人份
一人份熱量：53大卡
☐ 防風草7把（150公克）

醬料
☐ 砂糖1/2大匙
☐ 醋1又1/2大匙
☐ 麥芽糖漿（或果糖、寡糖）1/2大匙

☐ 大醬1又1/2大匙
☐ 白芝麻1/2小匙
☐ 辣椒醬2/3大匙
☐ 芝麻油1小匙

1

防風草摘掉爛菜，切掉根部較粗的部分，在水中清洗2至3次後瀝乾水分。

2

在煮滾的鹽水（水5杯＋鹽1小匙）中放入防風草，燙1分30秒後撈起泡冷水，瀝乾水分。

3

將醬料的製作材料放入大碗中拌勻，再放入防風草。所有食材拌勻即完成。

小黃瓜富含水分，如果沒有要馬上食用，一次製作的量太多會容易出水而影響味道。小黃瓜也可不必先醃過，直接拌醬也很美味。

料理時間：10至15分鐘
食材：2至3人份
一人份熱量：57大卡
□ 小黃瓜1條（200公克）

醬料
□ 砂糖1/2大匙
□ 辣椒粉1/2大匙
□ 醋1大匙

□ 韓式湯用醬油1大匙
□ 辣椒醬1/2大匙
□ 芝麻油1大匙
□ 白芝麻1小匙

涼拌小黃瓜

1

小黃瓜表面的刺以刀刃去除後，洗淨。

2

將小黃瓜切成寬0.5公分的細條。

3

將醬料的製作材料倒入大碗中拌勻，再放入小黃瓜。所有食材拌勻後即完成。

春天盛產的蜂斗菜口感柔軟，略帶苦味，加上酸酸的梅釀，
非常適合作為開胃的涼拌菜。

料理時間：15至20分鐘
食材：2至3人份
一人份熱量：45大卡
□ 蜂斗菜2把（200公克）
□ 白芝麻1小匙

醬料
□ 梅釀1/2大匙
□ 大醬1大匙
□ 辣椒醬1/2大匙
□ 芝麻油1小匙

涼拌蜂斗菜

1

蜂斗菜切掉根部較粗的纖維，清洗乾淨後瀝乾水分。

2

在煮滾的鹽水（水5杯＋鹽1小匙）中放入蜂斗菜，燙1分30秒後撈起泡冷水，瀝乾水分。

3

將醬料的製作材料倒入大碗中拌勻，再放入蜂斗菜。所有食材拌勻後即完成。

松子涼拌羊奶參

楤木芽涼拌煎餅

香濃的煎餅搭配味道獨特的楤木芽，再加上一些芝麻油和鹽，
簡單就很非常美味。

料理時間：25至30分鐘
食材：2人份
一人份熱量：137大卡

□ 楤木芽8根（100公克；或
　青花菜1/2棵；或蘆筍8根）

□ 蘇子油1小匙
□ 白芝麻1/2小匙
□ 炒鹽（或竹鹽）1/4小匙
□ 芝麻油1小匙

煎餅麵糊（10片）
□ 麵粉1/2杯（50公克）
□ 水1/2杯（100毫升）
□ 蘇子粉1小匙
□ 炒鹽（或竹鹽）1/4小匙

楤木芽涼拌煎餅

1

楤木芽切除底部枝幹，以刀
背除去莖上小刺後，放入煮
滾的鹽水（水4杯＋鹽1/2小
匙）中，燙30秒後撈起泡冷
水，瀝乾水分。★處理楤木芽
的方法請見P.18。

2

將麵糊的製作材料攪拌均
勻。在熱鍋中放入蘇子油，以
廚房紙巾將油均勻塗抹後，
加入1大匙的麵糊，鋪平，以
小火煎40秒，翻面再煎20秒
即盛出。

3

將所有煎好的煎餅切成寬1.5
公分的長條。在大碗中放入
煎餅、楤木芽、炒鹽、白芝麻
和芝麻油，輕輕拌勻所有食
材即完成。

羊奶參帶有微微的苦味，而松子和黑芝麻的味道香醇，
且富含不飽和脂肪酸。這些食材一起涼拌食用，風味極佳。

料理時間：20至25分鐘
食材：2人份
一人份熱量：81大卡

□ 去皮的羊奶參4根
　（80公克）

□ 松子2大匙（10公克）
□ 炒鹽（或竹鹽）1小匙
□ 芝麻油1/3小匙
□ 黑芝麻少許（可省略）

羊奶參漬醬
□ 砂糖1大匙
□ 醋2大匙
□ 炒鹽（或竹鹽）1小匙
□ 水2小匙

松子涼拌羊奶參

1

羊奶參洗淨後對切，以擀麵
棍拍扁後撕成細絲。將羊奶
參漬醬的製作材料拌勻，再
放入羊奶參，醃漬10分鐘以
去除苦味。★處理羊奶參的
方法請見P.19。

2

羊奶參擠乾水分，漬醬保留
備用。羊奶參放入碗中，加入
炒鹽和芝麻油拌勻，再加入
松子和2大匙的漬醬，將所有
的食材拌勻。

3

將拌好的羊奶參盛盤，淋上2
大匙漬醬，最後撒上黑芝麻
即完成。

涼拌東風菜
一
炒蕨菜
一

涼拌娃娃菜

娃娃菜口感爽脆、味道清甜，適合作成簡單的涼拌菜。
娃娃菜醃漬的時間如果太長會失去脆度，建議食用前再醃漬即可。

料理時間：15至20分鐘
食材：3至4人份
一人份熱量：76大卡

□ 娃娃菜（或白菜）20片
（200公克）

□ 栗子仁1顆（可省略）
醬料
□ 白芝麻1/2大匙
□ 砂糖2大匙
□ 辣椒粉3大匙

□ 醋2又1/3大匙
□ 檸檬汁1大匙
□ 韓式釀造醬油4大匙
□ 芝麻油1大匙

1	2	3

將娃娃菜一葉一葉撕開，以流水洗淨。瀝乾水分後切成邊長3公分的小片。	將醬料的製作材料倒入碗中拌勻。	將娃娃菜、栗子仁和步驟②拌好的醬料放入大碗中，拌勻後即完成。

拌炒白蘿蔔

製作這一道菜時，建議使用白蘿蔔中間的部分，口感較為清甜。
稍微拌炒一下，更能凸顯出白蘿蔔清脆的口感和甜味。

料理時間：25至30分鐘
食材：2至3人份
一人份熱量：70大卡

□ 白蘿蔔直徑10公分×厚4公分，1塊（400公克）

□ 鹽1/2大匙（醃漬蘿蔔用）
□ 食用油1大匙
□ 水5大匙
□ 芝麻油1/2大匙
□ 白芝麻1/2小匙

1	2	3

白蘿蔔去皮，切成長10公分、寬0.5公分的細條。	將白蘿蔔和鹽放入碗中拌勻，醃漬10分鐘。	在熱鍋中倒入食用油，放入步驟②醃好的白蘿蔔，以大火拌炒1分30秒後加水（5大匙），炒2分鐘後加入芝麻油，持續拌炒20秒後熄火，最後撒上白芝麻即完成。

炒蕨菜是韓國常見的小菜，也是一些傳統祭祀中不可或缺的料理。
蕨菜中加入1大匙的蘇子油，風味迷人。

料理時間：10至15分鐘
食材：2至3人份
一人份熱量：48大卡
□ 煮過的蕨菜乾（200公克）
★處理蕨菜乾的方法請見P.20
□ 白芝麻1/2小匙

醬料
□ 蔬菜高湯（或水）4大匙
★蔬菜高湯的製作方法請見P.28
□ 韓式湯用醬油2大匙
□ 蘇子油1大匙

1

煮過的蕨菜去掉硬根，切成長10公分的大段，泡冷水洗淨後瀝乾水分。

2

將醬料的製作材料放入大碗中拌勻，再放入蕨菜。將所有食材拌勻。

3
在熱鍋中倒入拌好的蕨菜，以中火拌炒2分30秒後熄火，最後撒上白芝麻即完成。

東風菜稍微汆燙後，與鹽和芝麻油拌勻，
製成這道口味清淡的小菜，很能夠品嘗出東風菜的原味。

料理時間：15至20分鐘
食材：2至3人份
一人份熱量：40大卡
□ 東風菜3把（150公克）

醬料
□ 芝麻油1大匙
□ 炒鹽（或竹鹽）1/3小匙
□ 白芝麻1/2小匙

1

東風菜摘除爛葉、去除粗莖，泡在冷水中輕輕晃動2至3次洗淨，撈起瀝乾。

2

在煮滾的鹽水（水6杯＋鹽1小匙）中放入東風菜，燙1分30秒後撈起泡冷水，冷卻後撈出瀝乾。

3

將醬料的製作材料放入碗中拌勻，再放入東風菜，所有食材拌勻後即完成。

醬煮蜂斗菜

醬煮黃豆芽

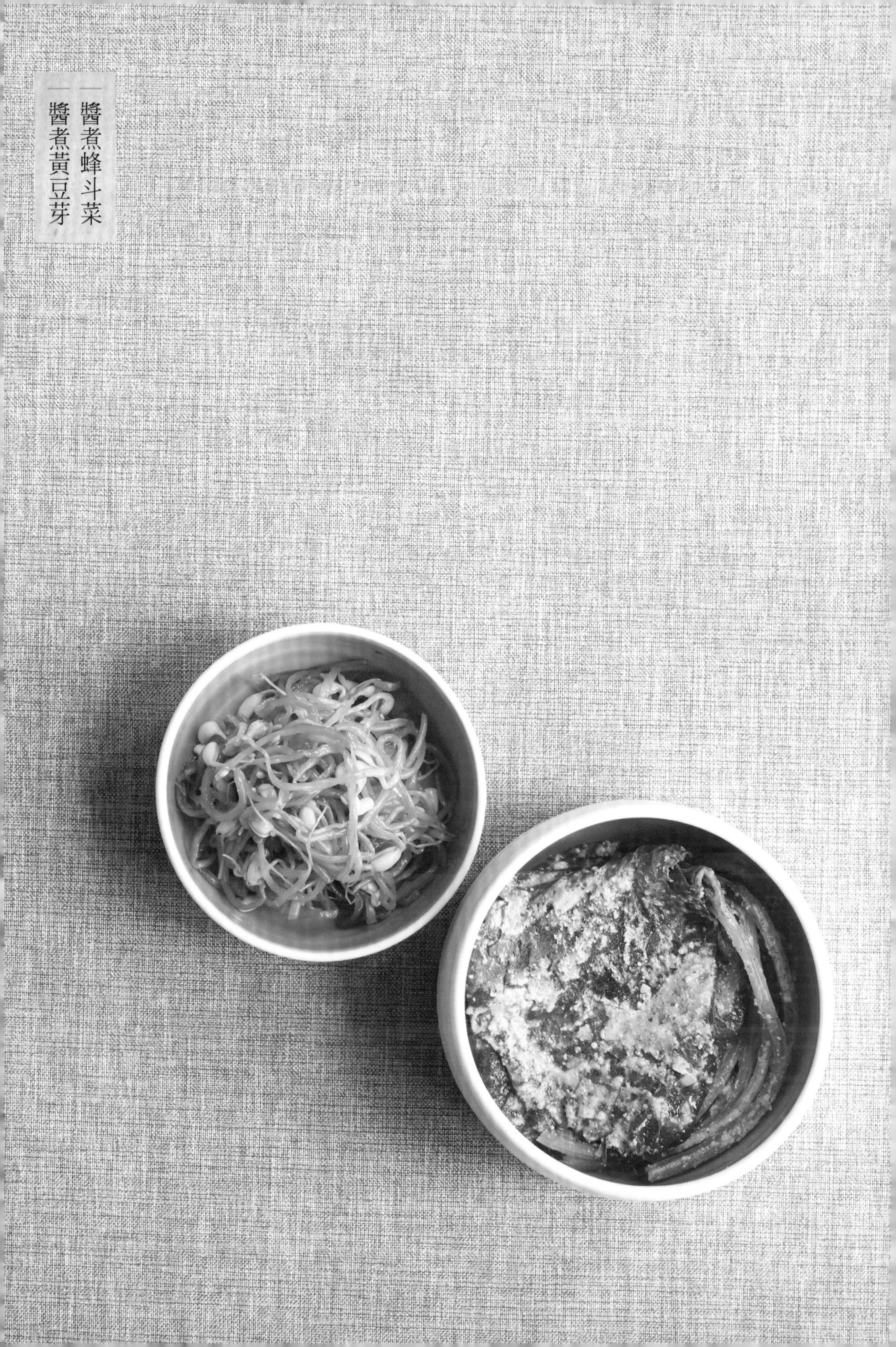

蒸蘇子葉

蒸蘇子葉時，使用蔬菜高湯並加上醬料一起蒸，
蒸熟後的蘇子葉口感柔軟，味道香醇。

料理時間：15至20分鐘
食材：3至4人份
一人份熱量：42大卡
□ 蘇子葉60片（120公克）
醬料
□ 青陽辣椒1根，切末

□ 紅辣椒1根，切末
□ 辣椒粉2大匙
□ 蔬菜高湯（或水）4大匙
　★蔬菜高湯的製作方法
　請見P.28
□ 韓式釀造醬油4大匙

□ 麥芽糖漿（或果糖、寡糖）
　2大匙
□ 胡椒粉少許

1

蘇子葉以流水一片一片洗淨，瀝乾水分。將醬料的製作材料放入碗中拌勻。

2

取一個有深度的耐熱容器，放入蘇子葉，每2至3片之間塗上1小匙的醬料。葉子層層疊疊，將醬料全部塗完。

3

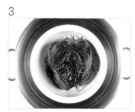

在熱氣蒸騰的蒸鍋中放入步驟②的耐熱容器，蓋上鍋蓋，以中火蒸4分鐘後熄火，燜3分鐘後掀蓋取出即完成。

醬煮黃豆芽

黃豆芽加上醬料一起燉煮時，醬料中的醬油和砂糖容易燒焦，
請務必注意火力的調節。

料理時間：15至20分鐘
食材：3至4人份
一人份熱量：35大卡
□ 黃豆芽4把（200公克）

□ 白芝麻1/2小匙
□ 芝麻油1/2小匙
醬料
□ 水1/2杯（100毫升）

□ 砂糖1大匙
□ 韓式釀造醬油3大匙
□ 芝麻油1/2小匙

1

黃豆芽以冷水洗淨後撈起瀝乾。將醬料的製作材料放入小碗中拌勻。

2

在煮鍋中放入黃豆芽和醬料，蓋上鍋蓋，以中小火煮3分30秒後掀開鍋蓋，一邊以鍋鏟攪拌，一邊再煮4分30秒。

3

熄火，最後加入白芝麻和芝麻油，拌勻即完成。

蜂斗菜屬於鹼性食物，富含鈣和維生素，有苦味，
卻可促進食欲，搭配香味十足的蘇子粉醬煮，非常下飯。

醬煮蜂斗菜

料理時間：25至30分鐘
食材：3至4次的食用分量
一次份熱量：101大卡
☐ 蜂斗菜3把（300公克）
☐ 蘇子粉2大匙
☐ 芝麻油1/2大匙

蔬菜高湯
（完成量2杯，400毫升）
☐ 水3杯（600毫升）
☐ 乾香菇2朵
☐ 海帶5×5公分，1張

調味料
☐ 蘇子粉2大匙
☐ 韓式湯用醬油1/2大匙
☐ 大醬2大匙
☐ 蘇子油1大匙

1

將蔬菜高湯的製作材料放入鍋中，以大火煮沸後取出海帶，轉小火煮10分鐘，熄火後撈出香菇。

2

蜂斗菜去除根部和莖上較粗的纖維，洗淨後瀝乾水分。

3

將蔬菜高湯（2杯）和所有調味料放入大碗中，攪拌均勻，製成調味高湯。

4

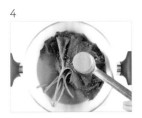

在鍋中每放入一片蜂斗菜，就淋上1大匙步驟③拌好的調味高湯，依序放入所有蜂斗菜。

5

蓋上鍋蓋，以大火煮沸，煮沸後轉中火，打開鍋蓋，倒入一些調味高湯，再煮8分鐘。

6

鍋中加入蘇子粉和芝麻油，倒入剩下的調味高湯，煮2分鐘後熄火即完成。

＊略帶苦味的蜂斗菜
  蜂斗菜略帶苦味，同時帶有特別的香氣，屬於冬季盛產的時蔬，去掉莖上較粗的纖維質後，拌炒食用非常美味。春天時採收的蜂斗菜較為纖細，很適合製成沙拉和涼拌菜。

醬煮堅果
醬煮花生海帶

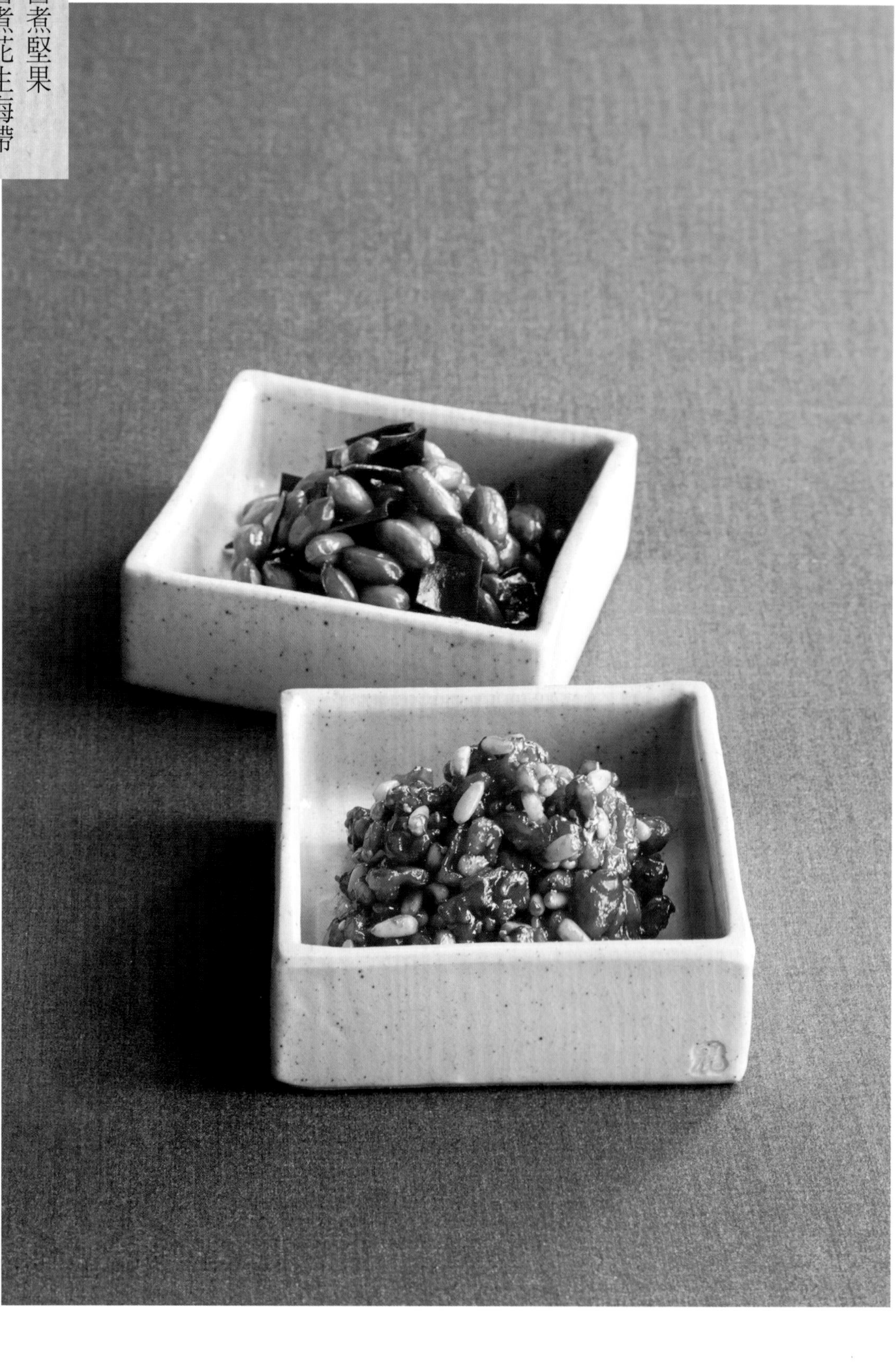

花生和海帶以醬油燉煮，吸收醬汁之後的食材相當美味。
熬煮蔬菜高湯時會使用海帶，可善用撈出的海帶來製作這一道醬菜。

料理時間：30至35分鐘
（＋海帶浸泡30分鐘）
食材：5至6次的食用分量
一次份熱量：135大卡

□ 海帶10×10公分，4張
　（20公克）

□ 花生2杯（200公克）
醬汁
□ 水4杯（800毫升）
□ 砂糖2大匙
□ 韓式釀造醬油5大匙

□ 麥芽糖漿（或果糖、寡糖）
　2大匙
□ 蘇子油1大匙

1

海帶擦乾淨後以冷水（4杯）浸泡30分鐘，切成邊長1.5公分的方形小片。

2

花生去除薄膜，洗淨瀝乾。

3

在鍋中放入花生和醬汁的製作材料，拌勻後以大火煮沸，煮沸後轉小火續煮20分鐘，放入海帶，以小火燉煮5分鐘後熄火即完成。

寺院飲食中經常使用堅果類的食材，
可補充人體所需的不飽和脂肪酸。尤其是松子和核桃等堅果，
不飽和脂肪酸的含量特別高，十分適合成長中的孩子們。

料理時間：20至25分鐘
食材：3至4次的食用分量
一次份熱量：267大卡

□ 核桃1杯（70公克）

□ 松子1/2杯（55公克）
醬汁
□ 水3大匙
□ 韓式釀造醬油1又1/2大匙

□ 麥芽糖漿（或果糖、寡糖）
　4大匙
□ 韓式湯用醬油2大匙

1

核桃在滾水（3杯）中燙30秒去除雜質，泡冷水洗淨後撈起瀝乾。將醬汁的製作材料放入小碗中，拌勻。

2

在熱鍋中放入核桃和松子，以中火拌炒5分鐘後熄火盛出。

3

將步驟②的鍋子擦乾淨，倒入醬汁，以中火煮沸後倒入炒過的核桃和松子，以小火拌煮2分鐘後熄火即完成。

一
醬煮南瓜

一
醬煮蘿蔔海帶

醬煮蘿蔔海帶

以香菇和海帶熬煮蔬菜高湯後，將香菇、海帶撈出，
高湯調味後製成醬汁，香菇和海帶處理後成為醬漬食材。
將海帶打結，可讓這道料理更添趣味。

料理時間：35至40分鐘
食材：2至3次食用分量
一次份熱量：70大卡
□ 白蘿蔔直徑10公分×厚3
公分，1塊（300公克）

蔬菜高湯（完成量2杯，400毫升）
□ 水3杯（600毫升）
□ 乾香菇2朵
□ 海帶10×10公分，1張
調味料
□ 砂糖1大匙

□ 辣椒粉1大匙
□ 韓式湯用醬油1大匙
□ 韓式釀造醬油1大匙
□ 麥芽糖漿（或果糖、寡糖）
1大匙
□ 蘇子油1/2大匙

1

2

3

將蔬菜高湯的製作材料放入
鍋中，以大火煮沸後取出海
帶，轉小火煮10分鐘，熄火
後撈出香菇。

白蘿蔔切成厚1.5公分的圓
片。取1朵步驟①的香菇，擠
乾水分，切除菌柄後切成薄
片。將步驟①撈出的海帶切
成寬1公分的長條，逐一打成
海帶結。將蔬菜高湯（2杯）
和所有調味料拌勻，製成調
味高湯。

在鍋中放入白蘿蔔、香菇和
步驟②中拌好的調味高湯，
以大火煮沸後轉中火，煮15
分鐘，放入海帶後以小火燉
煮6分鐘，熄火即完成。

醬煮南瓜

香甜的南瓜以醬油燉煮後變得軟綿綿，加入紅棗更添風味。
這道料理很下飯，相當適合作為便當菜。

料理時間：25至30分鐘
食材：2至3次食用分量
一次份熱量：156大卡
□ 南瓜1/2顆（450公克）
□ 紅棗4顆

□ 白芝麻少許（可省略）
醬汁
□ 水1/2杯（100毫升）
□ 砂糖1/2大匙
□ 韓式釀造醬油1大匙

□ 麥芽糖漿（或果糖、寡糖）
1大匙
□ 食用油1大匙

1

2

3

南瓜在流水下洗淨後，以湯
匙去籽，切成邊長3公分的三
角形。

紅棗去籽，每顆均切成4等
分。

在熱鍋中放入南瓜、紅棗、
醬汁的材料，拌勻，以大火煮
沸後轉中火，以鍋鏟拌煮6分
鐘，轉小火繼續燉煮5分鐘，
熄火。盛盤後撒上白芝麻即
完成。

甜甜的柿餅和清爽的白蘿蔔非常搭調。

為了保持白蘿蔔清脆的口感，拌炒的時間不能太長。

柿餅拌蘿蔔絲作好之後，放入冷藏室2至3日後再食用，滋味會更好。

料理時間：25至30分鐘
食材：3至4次食用分量
一次份熱量：70大卡

□ 白蘿蔔直徑10公分×厚2
　公分，1塊（200公克）

□ 鹽1/2大匙
　（鹽漬白蘿蔔用）
□ 柿餅1個
　（30公克；或杏乾2個）
□ 食用油1大匙

□ 辣椒粉2大匙
柿餅漬醬
□ 砂糖1/2大匙
□ 醋2大匙

1

白蘿蔔去皮後切成厚0.5公分
的薄片，再切成寬0.5公分的
細條。

2

將白蘿蔔放入碗中，加入鹽
醃漬5分鐘，逼出水分後擠
乾。

3

柿餅去蒂、去籽後壓扁，再切
成寬0.5公分的細條。將柿餅
放入碗中，倒入漬醬的材料，
拌勻。

4

在熱鍋中倒入食用油，放入白
蘿蔔，以大火拌炒1分鐘，加
入辣椒粉拌炒10秒後熄火盛
出。

5

將步驟③的柿餅和步驟④的
白蘿蔔拌勻即完成。

＊加入綠豆涼粉

準備綠豆涼粉1塊（400
公克），切成長10公
分、寬0.3公分的細條，
放入滾水中燙1分鐘後取
出放涼，加入鹽、芝麻油
和海苔碎片拌勻。把拌好
的涼粉加入柿餅拌蘿蔔絲
中，完成一道新料理。

緑豆煎餅③
煎牛蒡②
蓮藕黒芝麻煎餅①

222

蓮藕和黑芝麻磨碎後香氣十足，製成煎餅別具特色。
製作時不要將蓮藕全部磨碎，取1/3分量以切碎的方式處理，
可保有清脆的口感。蓮藕富含維生素C和膳食纖維，
有助於緩解感冒症狀和便祕，也是預防高血壓的養生食材。

蓮藕黑芝麻煎餅

料理時間：25至30分鐘
食材：3至4人份
一人份熱量：187大卡
☐ 蓮藕直徑4公分×長17公分，
　1段（350公克）

☐ 青辣椒1根（可省略）
☐ 紅辣椒1根（可省略）
☐ 黑芝麻2大匙
☐ 炒鹽（或竹鹽）1/2小匙
☐ 芝麻油1/2小匙

☐ 麵粉5大匙
☐ 煎餅用油（蘇子油1大匙＋
　食用油3大匙）

1

青、紅辣椒對切去籽，切成長3公分、寬0.5公分的長條。

2

黑芝麻放入保鮮袋，以**擀麵棍**壓碎。

3

蓮藕以削皮刀去皮後，利用磨泥器磨成泥。★也可使用食物調理機打成泥。

4

取一個大碗，放入蓮藕、黑芝麻、炒鹽和芝麻油，拌勻後加入麵粉，揉成麵團。將麵團分成數份小麵團，每1大匙為1份。

5

在熱鍋中倒入煎餅用油，放入步驟④的小麵團，壓成厚0.5公分的圓餅，以小火煎3分鐘。

6

在餅上分別放上一條青辣椒及一條紅辣椒，翻面再煎3分鐘。過程中油量如果不足，可適量添加。熄火後盛出即完成。★可依據個人喜好搭配P.225的煎餅沾醬。

＊煎出好吃的餅
　使用蘇子油和食用油混合製成的煎餅用油，可讓煎餅的香味更濃郁。一開始熱鍋的溫度要夠，煎出的煎餅才會好吃，可在鍋子加熱後，取一點點麵團放入鍋中，如果發出「滋滋」的聲音，就代表溫度夠熱了。

煎牛蒡

牛蒡塗上辣味的醬料，麵衣中加入了蔬菜高湯，
煎餅用油以蘇子油與食用油混合而成──
這些食材結合後進行油炸，美味迸發。
煎牛蒡保有了牛蒡特有的香脆風味，完全不輸給涼拌時的口感。

料理時間：35至40分鐘
食材：2至3人份
一人份熱量：106大卡

□ 牛蒡直徑2公分×長10公分，
　　6段（150公克）
□ 煎餅用油（食用油1大匙＋
　　蘇子油1小匙）

醬料
□ 白芝麻1/4小匙
□ 辣椒粉1/4小匙
□ 韓式湯用醬油1/2小匙
□ 芝麻油1/2小匙

麵衣
□ 麵粉5大匙

□ 蔬菜高湯（或水）5大匙
　　★蔬菜高湯的製作方法
　　請見P.28
□ 韓式湯用醬油2/3小匙

1

牛蒡以刀背去皮後，切成長
10公分的大段，共切成6段。

2

在熱氣蒸騰的蒸鍋中鋪上棉
布，放上切好的牛蒡，蓋上鍋
蓋，以大火蒸15分鐘後熄火
取出。

3

牛蒡以刀子從中間縱切成兩
半，再以擀麵棍壓扁。

4

將醬料的製作材料放入碗
中，攪拌均勻。取一個有深度
的容器，將麵衣的材料放入，
攪拌均勻。

5

以湯匙背面或使用刷子沾取
醬料，將醬料塗在牛蒡上，再
將牛蒡裹上麵衣。請注意，牛
蒡上下兩面都要裹上麵衣。

6

在熱鍋中倒入煎餅用油，放
入步驟⑤裹好麵衣的牛蒡，
以中小火兩面各煎2分鐘，熄
火盛出即完成。

＊製作低辣度的煎牛蒡
將醬料的分量減半，均
勻塗抹在牛蒡上，裹上
麵衣炸過後，辣度就會
降低很多，適合給比較
怕辣的孩子們食用。

綠豆煎餅中加入了各種蔬菜，製成一口大小，小巧又美味。
綠豆含有豐富的胺基酸和不飽和脂肪酸，有助於解熱和解毒，
可緩解腸胃炎和食物中毒的不適。

綠豆煎餅

料理時間：35至40分鐘
（＋綠豆浸泡8小時）
食材：3至4人份
一人份熱量：157大卡

□ 綠豆1/2杯（50公克）
□ 水1/4杯（50毫升）
□ 綠豆芽1把（50公克）

□ 煮過的蕨菜乾25公克
　★蕨菜乾的處理方法請見P.20
□ 胡蘿蔔末1大匙（10公克）
□ 青辣椒1根（可省略）
□ 紅辣椒1根（可省略）
□ 香菇1朵（25公克）
□ 白菜泡菜1/3杯（40公克）

□ 煎餅用油（蘇子油1大匙
　＋食用油3大匙）
調味料
□ 炒鹽（或竹鹽）1小匙
□ 韓式湯用醬油1小匙
□ 芝麻油1小匙

1

綠豆泡水搓洗乾淨後，放入水（3杯）中浸泡，以保鮮膜封口並置於冷藏室8小時。

2

泡好的綠豆以手搓揉去殼，以冷水清洗2至3次，瀝乾後放入食物調理機，加水（1/4杯）攪打。

3

綠豆芽在滾水（3杯）中燙1分30秒後撈出泡冷水，冷卻後瀝乾水分，切成長2公分的小段。蕨菜切成長2公分的小段。

4

胡蘿蔔、青辣椒、紅辣椒切末。香菇去除菌柄後切末。白菜泡菜切成0.5公分的小丁。

5

取一個大碗，放入綠豆芽、蕨菜、胡蘿蔔、香菇、白菜泡菜、步驟②攪打過的綠豆、調味料，所有食材攪拌均勻。

6

在熱鍋中倒入1大匙煎餅用油，放入1大匙步驟⑤拌好的材料，壓成厚0.5公分的圓餅，以小火煎5分鐘。在煎餅上放上1/2小匙的青辣椒和1/2小匙的紅辣椒，翻面再煎2分鐘。過程中油量如果不足，可適量添加。熄火盛出即完成。

＊**製作百搭煎餅沾醬**
準備醋1大匙、韓式釀造醬油1大匙、水1大匙、砂糖1小匙，所有材料拌勻即製成煎餅沾醬。

226

這一款煎餅不使用鹽巴調味，而是使用辣椒醬和大醬來調味，
味道濃厚。食材中的蘇子葉也可以山椒葉和短果茴芹代替。

料理時間：25至30分鐘
食材：3至4人份
一人份熱量：211大卡
□ 蘇子葉10片（20公克）
□ 香菇2朵（50公克）
□ 青辣椒1根

□ 紅辣椒1根
□ 青陽辣椒1根
□ 煎餅用油（蘇子油1大匙
　＋食用油3大匙）

麵糊
□ 麵粉1杯（100公克）
□ 水1杯（200毫升）
□ 大醬1大匙
□ 辣椒醬2大匙
□ 辣椒粉1小匙

1

蘇子葉洗淨後瀝乾，切成邊長
1公分的小片。香菇去除菌柄，
切成0.5公分的小丁。青辣椒、
紅辣椒、青陽辣椒切圈。

2

將麵糊的材料放入大碗中，
拌勻後加入蘇子葉、香菇、青
陽辣椒、青辣椒、紅辣椒，所
有食材攪拌均勻。

3

在熱鍋中倒入煎餅用油，一
次放入1大匙步驟②拌好的麵
糊，以中小火煎2分鐘後翻面
再煎1分30秒，熄火盛出即
完成。

蘇子葉香菇煎餅

櫛瓜帶皮的部位切絲，馬鈴薯削皮後也切絲，
油炸後製成酥脆的煎餅。這一款煎餅不使用櫛瓜中間的果肉，
櫛瓜的果肉可另製成湯品，也可製成燉菜。

料理時間：25至30分鐘
食材：2人份
一人份熱量：191大卡
□ 櫛瓜1又1/2條
　（420公克）

□ 馬鈴薯1/4顆（50公克）
□ 砂糖1小匙
□ 炒鹽（或竹鹽）1/4小匙
□ 太白粉3大匙
□ 食用油1/2杯（100毫升）

1

如圖將櫛瓜（帶皮）切段，並
切成寬0.3公分的細條。馬鈴
薯以削皮刀去皮後，切成寬
0.3公分的細條，泡水（2杯）
10分鐘去除表面澱粉，撈出
瀝乾水分。

2

取一個大碗，放入櫛瓜、馬鈴
薯、砂糖、炒鹽，拌勻後加入
太白粉，以筷子充分拌勻。

3

在熱鍋中倒入食用油，放入
步驟②拌好的材料，鋪平，以
中小火煎4分鐘，翻面再煎3
分鐘，熄火盛出即完成。★可
依據個人喜好搭配P.225的煎
餅沾醬。

櫛瓜馬鈴薯煎餅

227

利用豆腐和花生製成蘇子葉豆腐煎餅，香氣十足，
非常受到孩子們的喜愛。煎餅中加入香菇和各種蔬菜，
不但增添了風味，營養也更加豐富。
請注意麵糊中的水分不要太多，以免味道變淡。

蘇子葉豆腐煎餅

料理時間：35至40分鐘
食材：2至3人份
一人份熱量：126大卡
☐ 蘇子葉8片
☐ 豆腐（小盒板豆腐）1/2盒
　（100公克）
☐ 香菇2朵（50公克）

☐ 青辣椒1/2根
☐ 紅辣椒1/2根
☐ 花生1大匙（10公克）
☐ 炒鹽（或竹鹽）1/4小匙
☐ 芝麻油1/2小匙
☐ 麵粉2大匙

☐ 煎餅用油（食用油1大匙
　＋蘇子油1小匙）
麵衣
☐ 麵粉4大匙
☐ 水4大匙
☐ 韓式湯用醬油1/2小匙

1

蘇子葉以流水洗淨後擦乾。
豆腐以刀面壓碎，再以棉布
包裹擠乾水分。★壓碎豆腐
的方法請見P.24。

2

香菇去除菌柄後切末。青、紅
辣椒縱向對切後去籽，切末。
花生去除薄膜，置於廚房紙
巾上切碎。

3

取一個大碗，放入豆腐、香
菇、青辣椒、紅辣椒、花生、
炒鹽、芝麻油，攪拌均勻製成
餡料。

4

在蘇子葉的正面塗上麵粉，
夾入餡料的1/8分量後對摺，
再均勻裹上麵粉。剩下的蘇
子葉都以相同方式包好。

5

取一個有深度的容器，放入
麵衣的材料拌勻，將包好餡
料的蘇子葉裹上麵衣。

6

在熱鍋中倒入煎餅用油，放
入步驟⑤裹好麵衣的蘇子
葉，以中小火兩面各煎2分
鐘，熄火盛盤即完成。★可依
據個人喜好搭配P.225的煎餅
沾醬。

＊以餡料作成煎餅
　步驟③的餡料不包入蘇子
　葉中，而是直接作成煎
　餅。在熱鍋中加入食用
　油，放入1大匙的餡料，
　壓成厚0.5公分的圓餅，
　以小火煎5分鐘，翻面繼
　續煎1分30秒，盛出即可
　食用。

楤木芽煎餅

楤木芽是春天裡極具代表性的野菜，不但香氣十足，營養也很豐富。
楤木芽先燙後煎，建議一開始不要燙太久，以免過度烹調。
可試著留下1/2分量的楤木芽，切末後混入麵衣中，
煎好的麵餅上就會有楤木芽的香味。

料理時間：25至30分鐘
食材：2至3人份
一人份熱量：75大卡
□ 楤木芽10根（120公克）
□ 炒鹽（或竹鹽）少許
□ 芝麻油少許
□ 麵粉1大匙

□ 煎餅用油（食用油1大匙
　＋蘇子油1小匙）
麵衣
□ 麵粉4大匙
□ 蔬菜高湯（或水）4大匙
★蔬菜高湯的製作方法請見P.28
□ 韓式湯用醬油1/2小匙

辣椒醬料
□ 青陽辣椒1/2根
□ 辣椒粉1/2大匙
□ 水1大匙
□ 醋1/2大匙
□ 韓式釀造醬油1大匙
□ 砂糖1/2小匙

1

將楤木芽底部的葉子和薄皮剝除，切除底部枝幹後，以刀背除去莖上的小刺。★楤木芽的處理方法請見P.18。

2

步驟①處理好的楤木芽放入煮沸的鹽水（水6杯＋鹽1小匙）中，燙30秒後撈出瀝乾水分。

3

取一個有深度的容器，將麵衣的材料倒入拌勻。青陽辣椒切末，將辣椒醬料的製作材料拌勻。

4

取一個大碗，放入燙好的楤木芽、炒鹽和芝麻油，拌勻。

5

步驟④拌好的楤木芽裹上麵粉，再裹上麵衣。

6

在熱鍋中倒入煎餅用油，放入步驟⑤裹好麵衣的楤木芽，以小火兩面各煎2分鐘，熄火盛盤後淋上辣椒醬料即完成。

燉豆芽
燉鮮菇蘿蔔葉

燉鮮菇蘿蔔葉

乾蘿蔔葉中富含維生素，在寒冷的冬天裡為人們補充營養。
除了蘿蔔葉之外，還有大量的菇類，將這兩種食材放入香濃的醬汁中，
蔬菜的甜味搭配辣椒粉的辣味，成就了這一鍋的美味好食。

料理時間：15至20分鐘
（＋乾蘿蔔葉處理時間19小時）
食材：2至3人份
一人份熱量：105大卡
□ 乾蘿蔔葉50公克（泡發後
　250公克）
□ 香菇3朵（75公克）

□ 杏鮑菇1個（80公克）
□ 秀珍菇1把（50公克）
□ 蘇子油1大匙
醬汁
□ 蔬菜高湯（或水）1又1/2杯
　（300毫升）★蔬菜高湯的
　製作方法請見P.28

□ 辣椒粉1又1/2大匙
　（可省略）
□ 蘇子粉1大匙
□ 韓式湯用醬油1/2大匙
□ 大醬2大匙
□ 炒鹽（或竹鹽）1小匙

＊乾蘿蔔葉的挑選和保存方法

乾蘿蔔葉有兩種製作方式，一種是在陰涼通風處風乾，一種是在太陽下曬乾，風乾的蘿蔔葉比曬乾的蘿蔔葉含有更豐富的維生素，而且曬得太乾的蘿蔔葉也比較容易碎裂。乾蘿蔔葉的莖、葉以呈現黃色為佳。未使用的乾蘿蔔葉可依照步驟①先煮過並擠乾水分，再按照每次食用量（200至300公克）分好包裝，置於冷凍室保存。預備使用之前先解凍3至4小時，再浸泡即可。

1

乾蘿蔔葉洗淨後，以熱水浸泡6小時。在鍋中放入浸泡好的蘿蔔葉和水（10杯），以大火煮沸後蓋上鍋蓋，續煮30至40分鐘，過程中必須偶爾攪拌一下。

2

將步驟①煮好的蘿蔔葉連同鍋中的水，一起倒入大碗中浸泡12小時，以冷水清洗2至3次，直至水變清為止。去除蘿蔔葉較粗的纖維後，徒手擠出大部分的水分。

3

蘿蔔葉切成長6公分的大段。香菇去除菌柄，切成厚0.5公分的薄片。杏鮑菇先以十字切的方式分成4等分，再切成厚0.5公分的薄片。秀珍菇切除根部，一枝一枝撕開。

4

將醬汁的材料放入大碗中，拌勻。

5

在熱鍋中倒入蘇子油，放入蘿蔔葉，以大火拌炒20秒。

6

步驟⑤的熱鍋中繼續放入香菇、杏鮑菇、秀珍菇和醬汁，以中小火煮4分鐘，熄火即完成。

沒有胃口的時候最適合吃辣辣的燉豆芽了！
水芹和香菇的香氣十足，添加梅釀的醬料則使燉豆芽更加美味。
為了防止鮮味流失，燙黃豆芽時請蓋上鍋蓋。

燉豆芽

料理時間：25至30分鐘
食材：2至3人份
一人份熱量：133大卡
□ 黃豆芽6把（300公克）
□ 水芹25根（50公克）
□ 青辣椒1根

□ 紅辣椒1根（可省略）
□ 香菇5朵（125公克）
□ 蘇子油1大匙
□ 蘇子粉2大匙
梅子風味醬
□ 辣椒粉2大匙

□ 韓式湯用醬油2大匙
□ 梅釀1又1/2大匙
芡汁
□ 太白粉1大匙
□ 水1大匙

1

黃豆芽以流水洗淨後瀝乾水分。

2

水芹摘除爛葉，切成長5公分的大段。青、紅辣椒斜切成圈。香菇去除菌柄，切成厚0.5公分的薄片。

3

將黃豆芽放入鍋中，倒入鹽水（水2杯＋鹽1小匙），蓋上鍋蓋，以中火煮3分30秒後熄火。

4

將芡汁的材料放入碗中，拌勻。取另一個碗，將梅子風味醬的材料倒入，拌勻。

5

在熱鍋中倒入蘇子油，放入香菇，以大火拌炒30秒，倒入黃豆芽、煮黃豆芽的水、水芹，煮1分鐘。

6

加入蘇子粉，續煮30秒，加入梅子風味醬以及青、紅辣椒，再煮30秒，最後加入芡汁1大匙（加入之前再次攪拌均勻），煮30秒後熄火即完成。

＊**不辣的梅子風味醬**
製作梅子風味醬時可不必加入原訂的2大匙辣椒粉，如此一來就能作出不辣的醬料，而且蘇子粉的味道會變得較為明顯。

蓮藕是食物，也是一種藥材。蓮藕的口感清脆，富含礦物質鉀，
能夠幫助消腫，也含有大量的膳食纖維。
建議湯底可加入2至3大匙的五味子酵素，增添酸味。

蓮藕水泡菜

料理時間：25至30分鐘
（＋發酵3天）
食材：5至6次的食用分量
一次份熱量：39大卡
□ 蓮藕直徑4公分×長7公分，
　1段（200公克）
□ 水芹10根（20公克）

□ 胡蘿蔔1/6根（30公克）
□ 青辣椒1根
□ 紅辣椒1根
調味料
□ 梨子（或蘋果）1/4顆
　（120公克）
□ 水4杯（800毫升）

□ 天日鹽1大匙
□ 薑末1/2大匙（5公克）
糯米糊
□ 糯米粉1/2大匙
□ 水1/4杯（50毫升）

1

蓮藕洗淨後以削皮刀去皮，切
成厚0.5公分的薄片，以醋水
（水1杯＋醋1/2小匙）浸泡10
分鐘，撈出瀝乾。★蓮藕的處
理方法請見P.20。

2

水芹摘除爛葉，切成長3公分
的大段。胡蘿蔔切成長5公
分、寬0.5公分的細條。青、
紅辣椒斜切成圈，泡在水中
去籽。梨子磨成泥，再以棉布
包裹，將擠出的梨子汁盛在
碗中。

3

在鍋中放入糯米糊的製作材
料，拌勻，以大火煮30秒，
過程中請不斷攪拌避免黏
鍋。煮到像優格的濃稠程度
後，熄火冷卻。

4

取一個大碗，倒入糯米糊、梨
子汁和其他所有調味料，拌
勻製成調味醬。

5

取一個食物儲藏容器，放入
蓮藕、水芹、胡蘿蔔、青辣
椒、紅辣椒，再倒入步驟④拌
好的調味醬，所有食材拌勻
後蓋好蓋子。將裝了食材的
容器置於冷藏室中，發酵3天
即可食用。置於冷藏室可保
存15日。

＊使用白飯製作糯米糊
準備白飯2又1/2大匙（25
公克）、水1/4杯（50毫
升），放入食物調理機攪
打後，倒入鍋中以大火煮
至邊緣起泡立即轉中火，
煮1分鐘，過程中持續攪
拌避免黏鍋。煮至像粥一
般的濃度即熄火冷卻。

糯米椒泡菜

糯米椒被稱為「不辣的辣椒」，富含維生素C，
可作成夏天的泡菜，不辣的味道很適合孩子們食用。
建議挑選較直較硬的糯米椒，避免使用帶有辣味的辣椒。

料理時間：40至45分鐘
食材：2至3次的食用分量
一次份熱量：59大卡

□ 糯米椒5根
□ 白蘿蔔直徑10公分×厚
　0.8公分，1片（80公克）

□ 水芹15根（30公克）
調味料
□ 辣椒粉2大匙
□ 砂糖1大匙
□ 炒鹽（或竹鹽）1/2大匙
□ 梅釀1大匙

□ 韓式湯用醬油1大匙
□ 薑末1小匙
糯米糊
□ 糯米粉1/2大匙
□ 水1/4杯（50毫升）

1

糯米椒洗淨後，在椒身中間縱向劃一刀，兩端各留1公分不要切到。

2

糯米椒以鹽水（水1杯＋鹽1大匙）浸泡30分鐘，去籽後瀝乾水分。

3

白蘿蔔切成長3公分的細絲。水芹摘除爛葉後，切成長3公分的大段。

4

在鍋中放入糯米糊的製作材料，拌勻，以大火煮30秒，過程中請不斷攪拌避免黏鍋。煮到像優格的濃稠程度後，熄火冷卻。

5

取一個大碗，倒入糯米糊以及辣椒粉，拌勻後靜置5分鐘，再放入其他所有調味料，以及白蘿蔔絲、水芹，拌勻製成餡料。

6

將步驟⑤拌好的餡料以筷子填進糯米椒中，製成糯米椒泡菜，不需發酵即可食用。將未食用完畢的糯米椒泡菜放入儲藏用的容器中，置於冷藏室可保存15日。

辣拌白菜

這一道辣拌泡菜不必發酵即可食用。以白菜作為主原料，
清脆的口感加上不太辣的口味，很適合給孩子們食用。

料理時間：4小時
食材：10次的食用分量
一次份熱量：80大卡
□ 白菜1株（300公克）
□ 白蘿蔔直徑10公分×厚2.5
　公分，1塊（250公克）
□ 乾鹿角菜1大匙（10公克；
　或乾海帶芽10公克）

白菜漬料
□ 天日鹽1/2杯
□ 水2又1/2杯（500毫升）

糯米糊
□ 乾海帶5×5公分，1張
□ 糯米粉1/4杯（32公克）
□ 溫水1又1/2杯
　（300毫升）

調味料
□ 蘋果泥1/2顆分量
　（100公克）
□ 辣椒粉1杯
□ 炒鹽（或竹鹽）3大匙
□ 薑末1大匙
□ 韓式湯用醬油2小匙

1

白菜切除根部後，一片一片撕下來。白菜葉片縱切成兩等分後，每5公分切一刀，切成方塊狀。將切好的白菜放入大碗中，加入白菜漬料，醃漬3小時後瀝乾水分。

2

白蘿蔔削皮後，先切成厚0.5公分的薄片，再切成寬0.5公分的細條。

3

乾鹿角菜以溫水（熱水1/2杯＋冷水1/2杯）浸泡10分鐘，瀝乾水分。製作糯米糊的乾海帶也以溫水（1又1/2杯）浸泡10分鐘。

4

在鍋中放入泡乾海帶的水及糯米粉（1/4杯），拌勻，以大火煮30秒，過程中請不斷攪拌避免黏鍋。煮到像優格的濃稠程度後，熄火冷卻。

5

取一個大碗，放入步驟④的糯米糊和所有調味料，拌勻後加入白蘿蔔和鹿角菜，所有食材拌勻。

6

步驟⑤的大碗中加入白菜拌勻，不需要發酵即可食用。

＊鹿角菜，
　讓泡菜更美味
鹿角菜屬於海藻類，富含維生素和礦物質，有助於預防成人病、肥胖，也具有抗菌作用。製作泡菜時添加鹿角菜，能夠讓味道更有層次，齒頰留香。鹿角菜的形狀就像鹿角一樣，顏色較深的味道會比較好。

寺院飲食不使用五辛菜，而是利用糯米糊和基本的醬料
作出清爽純淨的味道，這道泡菜又添加了梅釀，可提升酸味。
為了保持高麗菜清脆的口感，
建議醃漬的時間不要太久，醃好後請儘快食用。

高麗菜泡菜

料理時間：30至35分鐘
食材：5至6次的食用分量
一次份熱量：50大卡

□ 高麗菜葉10片（手掌大小，
　300公克）
□ 白蘿蔔直徑10公分×厚1公
　分，1片（100公克）

□ 水芹50根（100公克）
□ 小黃瓜1/2條（100公克）
調味料
□ 白芝麻1大匙
□ 砂糖1大匙
□ 炒鹽（或竹鹽）1大匙
□ 辣椒粉6大匙

□ 薑末2大匙
□ 韓式湯用醬油2大匙
□ 梅釀2大匙
糯米糊
□ 糯米粉1/2大匙
□ 水1/4杯（50毫升）

1

高麗菜洗淨後切成3×4公分
的大片。白蘿蔔切成厚0.5公
分的薄片，再切成邊長3公分
的方塊。

2

水芹摘除爛葉，切成長4公分
的大段。小黃瓜去除表面的
刺，切成長4公分的大段，每
段再切成6至8等分。

3

高麗菜、白蘿蔔、小黃瓜以鹽
水（水1又1/4杯＋鹽2大匙）
浸泡10分鐘，瀝乾水分。

4

在鍋中放入糯米糊的製作材
料，拌勻，以大火煮30秒，
過程中請不斷攪拌避免黏
鍋。煮到像優格的濃稠程度
後，熄火冷卻。

5

取一個大碗，放入步驟④的
糯米糊、所有調味料、水芹，
拌勻後加入步驟③的蔬菜，
所有食材拌勻。

6

將步驟⑤的食材盛入儲藏食
物的容器中，不需要發酵即
可食用。★發酵24小時會更
好吃。

茄子泡菜
美生菜泡菜

240

美生菜的莖和葉都必須健康飽滿，製作出來的泡菜口感才會清脆。
泡菜請儘快食用，不要放太久。

美生菜泡菜

料理時間：20至25分鐘
食材：4至5次的食用分量
一次份熱量：53大卡
☐ 美生菜2株（300公克）

調味料
☐ 蘋果1/4顆（50公克）
☐ 砂糖1大匙
☐ 炒鹽（或竹鹽）1大匙
☐ 辣椒粉8大匙

☐ 韓式湯用醬油2大匙
☐ 梅釀2大匙
糯米糊
☐ 糯米粉1/2大匙
☐ 水1/4杯（50毫升）

1

2

3

蘋果削皮後磨成泥。美生菜
在流水下洗淨，一片一片撕
下，瀝乾水分。

在鍋中放入糯米糊的製作材
料，拌勻，以大火煮30秒，
過程中請不斷攪拌避免黏
鍋。煮到像優格的濃稠程度
後，熄火冷卻。

取一個大碗，放入步驟②的
糯米糊和所有調味料，拌勻
後放入美生菜，所有食材拌
均，不需要發酵即可食用。
★發酵24小時後更好吃。

茄子是夏季時蔬，可於盛產期作成泡菜享用。

茄子泡菜

料理時間：25至30分鐘
（＋發酵2天）
食材：5至6次的食用分量
一次份熱量：83大卡
☐ 乾茄子43片（85公克）
☐ 白蘿蔔直徑10公分×厚0.8
　公分，1片（80公克）
☐ 胡蘿蔔1/6根（30公克）

☐ 水芹10根（20公克）
☐ 香菇1朵
調味料
☐ 梨子1/5顆（100公克）
☐ 白芝麻1大匙
☐ 砂糖1大匙
☐ 炒鹽（或竹鹽）1大匙
☐ 辣椒粉7大匙

☐ 韓式湯用醬油2大匙
☐ 梅釀2大匙
☐ 薑末1小匙
糯米糊
☐ 糯米粉1大匙
☐ 水1/2杯（100毫升）

1

2

3

乾茄子以熱水浸泡30分鐘後
瀝乾水分。白蘿蔔、胡蘿蔔切
成寬0.5公分的細條。水芹切
成長5公分的大段。香菇去除
菌柄，切成0.5公分的小丁。
梨子磨成泥。

在鍋中放入糯米糊的製作材
料，拌勻，以大火煮30秒，
過程中請不斷攪拌避免黏
鍋。煮到像優格的濃稠程度
後，熄火冷卻。

取一個大碗，放入步驟②的
糯米糊，再放入梨子泥和其
他調味料，拌勻後放入茄子、
白蘿蔔、胡蘿蔔、水芹、香
菇，所有食材拌勻後放入儲
藏食物的容器中，置於冷藏
室發酵1至2天即可食用。

醬漬馬鈴薯
——醋醃牛蒡

醬漬馬鈴薯搭配麥芽糖漿和芝麻油食用，滋味甜美、氣味香醇。
發酵過後的馬鈴薯可作為配菜，也可單吃。

料理時間：25至30分鐘
（＋發酵3天）
食材：5至6次的食用分量
一次份熱量：99大卡

□ 馬鈴薯2又1/2顆
　（500公克）
□ 紅辣椒4根

□ 生薑1小塊（30公克）
漬料
□ 韓式釀造醬油1/2杯
　（300毫升）
□ 蔬菜高湯1杯（200毫升）
　★蔬菜高湯的製作方法請見
　P.28

□ 砂糖2大匙
調味料
□ 麥芽糖漿（或果糖、寡糖）
　2又1/2大匙
□ 白芝麻1小匙
□ 芝麻油1小匙

1
在鍋中倒入所有漬料，以大火煮滾後熄火冷卻。

2
馬鈴薯削皮後先以十字切的方式切成4等分，再切成厚1公分的厚片，以水浸泡10分鐘去除表面的澱粉。紅辣椒斜切成圈。生薑切成薄片。

3
在儲藏食物的容器中放入步驟①煮好的漬料，再放入步驟②切好的食材，拌勻後置於冷藏室中發酵2至3天。取出後淋上調味料即可食用。

牛蒡和馬鈴薯都屬於質地比較硬實的食材，在發酵的過程中
可將漬料倒出煮沸2至3次，再倒回食材中，有助於延長保存期。

料理時間：25至30分鐘
（＋發酵7天）
食材：5至6次的食用分量
一次份熱量：71大卡

□ 牛蒡直徑2公分×長20公
　分，10段（500公克）

漬料
□ 蔬菜高湯2杯（400毫升）
　★蔬菜高湯的製作方法請
　見P.28
□ 醋1杯（200毫升）

□ 韓式釀造醬油1/2杯
　（100毫升）
□ 韓式湯用醬油1/2杯
　（100毫升）
□ 麥芽糖漿（或果糖、
　寡糖）1杯

1
在鍋中倒入所有漬料，以大火煮滾後熄火冷卻。

2
牛蒡以刀背削皮後，斜切成厚0.5公分的薄片，以醋水（水3杯＋醋1大匙）浸泡10分鐘，瀝乾水分。★牛蒡的處理方法請見P.20。

3
在儲藏食物的容器中放入牛蒡和煮過的漬料，置於冷藏室中發酵7天後即可食用。

海帶熱量低，且富含膳食纖維，容易產生飽足感。
也可加入其他種類的海藻一起醃漬，風味更佳。

料理時間：40至45分鐘
（＋發酵15天）
食材：10次的食用分量
一次份熱量：37大卡

□ 鹽漬海帶（或鹽漬昆布）
　500公克
漬料
□ 砂糖1/2杯
□ 水2杯（400毫升）

□ 韓式釀造醬油1杯（200毫升）
□ 麥芽糖漿（或果糖、寡糖）
　1/2杯
□ 米酒3大匙
□ 醋3大匙

1

在鍋中倒入所有漬料，以大火煮滾後熄火冷卻。

2

鹽漬海帶以流水洗淨，放入水中浸泡30分鐘去除鹽分，以冷水洗淨2至3次，瀝乾。

3

在儲藏食物的容器中放入海帶和煮過的漬料，置於冷藏室中發酵15天後即可食用。

以蘇子葉作成香氣十足的醃菜非常下飯。建議以蔬菜高湯取代水，
會讓這道料理的味道更加香醇。

料理時間：20至25分鐘
（＋發酵2個月）
食材：5至6次的食用分量
一次份熱量：27大卡

□ 蘇子葉100片（200公克）
漬料
□ 砂糖1/4杯
□ 水1/2杯（100毫升，或蔬

菜高湯）
□ 米酒1杯（200毫升）
□ 醋1/2杯（100毫升）
□ 韓式釀造醬油1杯（100毫升）

1

在鍋中倒入所有漬料，以大火煮滾後熄火冷卻。

2

蘇子葉在流水下一片一片洗淨，抓著莖的部分抖掉水分。

3

在儲藏食物的容器中放入蘇子葉和煮過的漬料，置於冷藏室中發酵2個月後即可食用。

杏鮑菇肉質柔軟且有嚼勁，但是如果煮太久口感會變差，
建議水煮的時間不要過長。

料理時間：25至30分鐘
（＋發酵10天）
食材：10至12次的食用分量
一次份熱量：47大卡

□ 杏鮑菇10個（800公克）
漬料
□ 砂糖1/2杯
□ 韓式釀造醬油1杯（200毫升）

□ 麥芽糖漿
　（或果糖、寡糖）1/2杯
□ 米酒4大匙
□ 醋3大匙

1

在鍋中倒入所有漬料，以大火煮滾後熄火冷卻。

2

杏鮑菇縱向對切成兩半，在滾水（10杯）中煮5分鐘，取出瀝乾。

3

在儲藏食物的容器中放入杏鮑菇和煮過的漬料，置於冷藏室中發酵10天後即可食用。

豆腐是寺院飲食中非常重要的蛋白質來源。
醬漬豆腐的口感很柔軟，就像起司一樣，在飯中拌入一點點就十分美味。

醬漬豆腐

料理時間：20至25分鐘
（＋發酵7天）
食材：10次的食用分量
一次份熱量：36大卡

□ 豆腐（大盒板豆腐）1塊
　（300公克）
漬料
□ 韓式釀造醬油1又1/2杯
　（300毫升）

□ 韓式湯用醬油1/2杯
　（100毫升）
□ 水1/2杯（100毫升）

1

豆腐放入滾水（3杯）中煮10分鐘，撈出瀝乾水分。

2
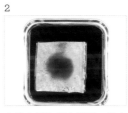
在鍋中倒入所有漬料，以大火煮滾後熄火冷卻。在儲藏食物的容器中放入豆腐和煮過的漬料，置於冷藏室中發酵一週後即可食用。

3

食用時將豆腐取出瀝乾後壓碎。★儲藏器中的漬料可繼續放在容器中冷藏保存，燉菜時可取出使用。

燉菜・鍋物・湯

暖胃舒心的

以香菇和海帶熬煮而成的蔬菜高湯充滿了天然食材的香味，
利用高湯製作燉菜、鍋物、湯品，味道相當清爽。
豆芽、豆腐、豆粉等食材提供大量的蛋白質，
製成燉菜、鍋物和湯品極具營養價值。

在韓國的寺院飲食中，丸子具有「祈願」的意味，
家裡的孩子生日時，可準備豆腐丸子，
祈求孩子的健康和家庭的幸福。
在特別的日子裡，就作一鍋豆腐丸子海帶湯來祈求幸福吧！
（編按：韓國生日有喝海帶湯的傳統）

豆腐丸子海帶湯

料理時間：35至40分鐘
食材：2人份
一人份熱量：140大卡
□ 乾海帶芽1/4杯
　（10公克）

□ 豆腐（大盒板豆腐）1/2盒
　（150公克）
□ 韓式湯用醬油2大匙
□ 炒鹽（或竹鹽）1/4小匙
□ 太白粉2大匙
□ 蘇子油1小匙

蔬菜高湯
（完成量5杯，1公升）
□ 水6杯（1.2公升）
□ 乾香菇3朵
□ 海帶5×5公分，2張

1

將蔬菜高湯的製作材料放入鍋中，以大火煮沸後取出海帶，轉小火煮10分鐘，熄火後撈出香菇。乾海帶芽以冷水（3杯）浸泡15分鐘。

2

泡好的海帶芽搓揉清洗，直至水變清，瀝乾水分後切成長3公分，加入湯用醬油拌勻。

3

取用步驟①撈出的1朵香菇，擠乾水分後切除菌柄，切末。豆腐以刀面壓碎，再以棉布包裹擠乾水分。★豆腐的處理方法請見P.24。

4

取一個大碗，放入豆腐、香菇和炒鹽，拌勻後揉成數個直徑1.5公分的丸子。在保鮮袋中放入太白粉和揉好的丸子，輕輕搖晃袋子，讓丸子均勻裹上太白粉。

5

在熱鍋中倒入蘇子油和步驟②的海帶芽，以中火拌炒1分30秒。

6

倒入蔬菜高湯（5杯），以大火煮沸後續煮2分鐘，加入步驟④的丸子，煮2分30秒後熄火即完成。

＊製作青花菜海帶湯
　在步驟⑥中以青花菜1棵（200公克）代替豆腐丸子，加入鍋中即製成青花菜海帶湯。青花菜如果煮得太久，營養素會流失，所以只要稍微汆燙就好。在步驟⑥加入青花菜時，如果一起加入2大匙的蘇子油，味道會更好。

寺院飲食不吃動物性的食品，
黃豆就成為非常重要的蛋白質來源。
以豆腐和豆漿作成的湯品是僧侶們重要的營養補充來源。
心氣不順或身體不舒服時，就給自己來一碗豆香滿溢的熱湯吧！

豆香濃湯

料理時間：30至35分鐘
（＋黃豆浸泡6小時）
食材：2人份
一人份熱量：329大卡
□ 黃豆2/3杯（100公克）
□ 豆腐（大盒板豆腐）
　　1/2盒（150公克）

□ 鹽少許（醃漬豆腐用）
□ 水芹5根（10公克）
□ 食用油1大匙
□ 韓式湯用醬油1大匙
□ 炒鹽（或竹鹽）1小匙
　　（可依據個人喜好調整）

蔬菜高湯
（完成量5杯，1公升）
□ 水6杯（1.2公升）
□ 乾香菇3朵
□ 海帶5×5公分，2張

1

黃豆洗淨後，以水（4杯）充
分浸泡6小時。

2

將蔬菜高湯的製作材料放入
鍋中，以大火煮沸後取出海
帶，轉小火煮10分鐘，熄火
後撈出香菇。

3

豆腐切成1×2×5公分的長方
塊，兩面抹鹽後置於廚房紙
巾上，醃漬10分鐘。水芹摘
除爛葉後洗淨，切成長3公分
的大段。

4

在食物調理機中放入步驟①
泡好的黃豆，再倒入步驟②
的蔬菜高湯（1杯），攪打後
製成豆漿。

5

在熱鍋中倒入食用油，放入
豆腐，兩面各以中火煎2分30
秒，兩面皆呈金黃色後即熄
火盛出。

6

在煮鍋中倒入步驟④的打好
的豆漿，再倒入步驟②的蔬
菜高湯（4杯），以大火煮沸
後撈掉浮渣，放入豆腐、湯用
醬油、炒鹽，以中小火煮1分
30秒，最後加入水芹後熄火
即完成。

＊利用市售豆漿
　如果不方便自己製作豆
　漿，可使用市售的豆漿
　代替，但蔬菜高湯的水
　量要減少1杯（完成量4
　杯），省略步驟④，在
　步驟⑥加入1杯市售豆漿
　即可。為了讓湯品呈現
　出最佳的味道，請選擇
　100%無添加的豆漿。

楤木芽豆粉湯

254

楤木芽豆粉湯可品嘗到楤木芽的清香，以及濃郁的黃豆香。
楤木芽被稱為「野菜之王」，富含蛋白質、礦物質和維生素C，
有助於緩解疲勞、安定神經，
其中所含的鉀還能夠改善不安、焦躁、失眠等症狀。

楤木芽豆粉湯

料理時間：25至30分鐘
食材：2人份
一人份熱量：90大卡

☐ 楤木芽10根（130公克）
☐ 黃豆粉2大匙

☐ 蘇子油1小匙
☐ 韓式湯用醬油1大匙
☐ 炒鹽（或竹鹽）1小匙
　（可依據個人喜好調整）

蔬菜高湯
（完成量6杯，1.2公升）
☐ 水7杯（1.4公升）
☐ 乾香菇3朵
☐ 海帶5×5公分，3張

1

將蔬菜高湯的製作材料放入鍋中，以大火煮沸後取出海帶，轉小火煮10分鐘，熄火後撈出香菇。

2

楤木芽切掉底部枝幹後，縱向對切成兩半。取用步驟①撈出的1朵香菇和2張海帶，香菇擠乾水分後切除菌柄，切成厚0.5公分的薄片，海帶則切成細絲。★楤木芽的處理方法請見P.18。

3

煮滾的鹽水（水4杯＋鹽1小匙）中放入楤木芽，汆燙30秒後撈出，泡水冷卻後瀝乾水分。

4

將楤木芽放入有深度的盤子裡，均勻撒上黃豆粉。

5

在熱鍋中倒入蘇子油，放入香菇和海帶，以中火拌炒1分30秒。

6

倒入步驟①的蔬菜高湯（6杯），以大火煮沸後加入楤木芽煮2分鐘，過程中不要攪動，加入韓式湯用醬油和炒鹽，撈去浮渣，以中火煮30秒後熄火即完成。

＊黃豆粉的購買與保存方法

　黃豆粉在大型超市都可找到。料理後剩下的黃豆粉可放入密閉容器中，置於冷凍庫保存。

＊請注意！

　黃豆粉炒過之後再使用比較不會結塊。沒有黃豆粉的時候，可以2大匙切碎的黃豆代替。

冬葵湯

冬葵湯

冬葵在中國被稱為「蔬菜之王」，含有豐富的維生素、礦物質，以及具有抗酸化效果的多酚和類黃酮，有助於延緩老化現象。
冬葵也有高含量的鉀，對成長中的孩子們非常有幫助。
這道料理將蔬菜高湯和大醬一起煮滾，湯底味道極為香醇。

料理時間：30至35分鐘
食材：2人份
一人份熱量：140大卡
□ 冬葵1又1/5株（120公克）
□ 豆腐（大盒板豆腐）
　　1/2盒（150公克）

□ 大醬4大匙
蔬菜高湯（完成量6杯，1.2公升）
□ 水7杯（1.4公升）
□ 乾香菇3朵
□ 海帶5×5公分，3張

1

將蔬菜高湯的食材放入鍋中，以大火煮沸後取出海帶，轉小火煮10分鐘，熄火後撈出香菇。

2

冬葵切掉較粗的莖，葉子切成邊長5公分的大片。豆腐切成1公分的小丁。取用步驟①撈出的2朵香菇，擠乾水分、切除菌柄，切成厚0.5公分的薄片。★冬葵的處理方法請見P.18。

3

在煮滾的鹽水（水5杯＋鹽1小匙）中放入冬葵，汆燙30秒後撈出，泡水冷卻後瀝乾水分。

4
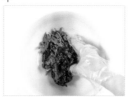
取一個大碗，放入冬葵、香菇、大醬，拌勻。

5
在鍋中倒入步驟①的蔬菜高湯（6杯），以大火煮沸，加入步驟④拌好的蔬菜煮4分鐘，最後加入豆腐再煮3分鐘，撈去浮渣，熄火即完成。

艾草含有豐富的維生素、礦物質和葉綠素，有助於提升免疫力，
幫助預防感冒和過敏。艾草是溫性的食物，
對女生而言是非常好的食物，有助於緩解生理痛和婦科疾病。
為自己烹調一碗艾草湯吧！
在艾草的天然原味中，感受一下春天的味道。

艾草湯

料理時間：25至30分鐘
食材：2人份
一人份熱量：128大卡
□ 艾草5株（100公克）
□ 蓬萊米粉（或麵粉）1大匙

□ 蘇子粉3大匙
□ 大醬2大匙
□ 韓式湯用醬油1大匙
　（可依據個人喜好調整）

蔬菜高湯
（完成量6杯，1.2公升）
□ 水7杯（1.4公升）
□ 乾香菇3朵
□ 海帶5×5公分，3張

1

將蔬菜高湯的製作材料放入
鍋中，以大火煮沸後取出海
帶，轉小火煮10分鐘，熄火
後撈出香菇。

2

在流水下洗淨艾草葉子上的
泥土，洗淨後瀝乾水分。

3

取一個碗，倒入步驟①的蔬
菜高湯（1/2杯）、蓬萊米
粉、蘇子粉，拌勻製成調合高
湯。

4

在鍋中倒入剩下的蔬菜高湯
（5又1/2杯），以大火煮沸後
加入艾草，煮1分鐘。

5

加入大醬，大醬完全化開後
加入湯用醬油和步驟③的調
合高湯，以大火煮沸後續煮2
分鐘，熄火即完成。

＊艾草的挑選方法
挑選艾草時，請掌握以下
原則：香味較濃、莖枝較
柔軟、葉子呈現綠色、葉
子背面的絨毛鬆軟。

南瓜湯

以蔬菜高湯作為湯底,這樣的南瓜湯口味清淡,
口感清爽,深受女孩子們的喜愛。

料理時間:25至30分鐘
食材:2人份
一人份熱量:88大卡

☐ 熟成的南瓜1/12顆
　　(500公克)

☐ 韓式湯用醬油1大匙
☐ 炒鹽(或竹鹽)1小匙
　　(可依據個人喜好調整)

蔬菜高湯
(完成量5杯,1公升)
☐ 水6杯(1.2公升)
☐ 乾香菇3朵
☐ 海帶5×5公分,2張

1

將蔬菜高湯的製作材料放入鍋中,以大火煮沸後取出海帶,轉小火煮10分鐘,熄火後撈出香菇。

2

南瓜去皮,以湯匙去籽,瓜肉切成厚0.5的薄片。

3

在鍋中倒入步驟①的蔬菜高湯(5杯),放入南瓜,以大火煮沸後續煮4分鐘,加入湯用醬油和炒鹽,續煮4分鐘,熄火即完成。

清淡香醇的黃豆湯加入泡菜,煮成帶有辣味的黃豆湯。
黃豆湯中因為加入了帶有酸性物質的泡菜,
湯中會出現結塊,口感特殊。

料理時間:20至25分鐘
食材:2人份
一人份熱量:153大卡

☐ 浸泡過的黃豆(浸泡6小時)
　　1杯(140公克)

☐ 白菜泡菜1杯(150公克)
☐ 蔬菜高湯5杯(1公升)
　　★蔬菜高湯的製作方法請見
　　南瓜湯的步驟①

鹽水
☐ 鹽1大匙
☐ 水3大匙

1

2

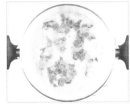

3

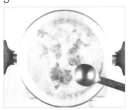

將浸泡過的黃豆和蔬菜高湯(5杯)放入食物調理機中,攪打後過篩,製成豆漿。白菜泡菜去芯後切成1公分的小丁。將鹽水的材料放入碗中,混合均勻。

在鍋中倒入步驟①的豆漿,以大火煮沸後續煮1分鐘,轉中火,將白菜泡菜一匙一匙地分次加入。

加入鹽水後轉小火,煮2分鐘後熄火即完成。

燉蕨菜

燉蕨菜不需要很多的食材，就能表現出蕨菜特有的味道和香氣。
如果以洗米水代替食譜中的高湯，
洗米水所含的酵素會讓蕨菜的口感更加柔軟。
也可加入1大匙的蘇子粉，味道會更加香濃。

★ 洗米水的製作方法請見P.269。

料理時間：35至40分鐘
食材：2人份
一人份熱量：247大卡

□ 煮過的蕨菜乾150公克
□ 櫛瓜1/2條（140公克）
□ 白蘿蔔直徑10公分×厚1
　公分，1片（100公克）

□ 馬鈴薯1顆（200公克）
□ 青辣椒1/2根
□ 紅辣椒1/2根（可省略）
□ 韓式湯用醬油1大匙
□ 蘇子油1大匙

調味料
□ 韓式湯用醬油4大匙

□ 大醬2大匙
□ 辣椒粉1小匙

蔬菜高湯
（完成量5杯，1公升）
□ 水6杯（1.2公升）
□ 乾香菇3朵
□ 海帶5×5公分，2張

1

將蔬菜高湯的製作材料放入
鍋中，以大火煮沸後取出海
帶，轉小火煮10分鐘，熄火
後撈出香菇。

2

櫛瓜縱向對切，再切成厚1公
分的厚片。蕨菜切成長5公分
的大段。馬鈴薯以十字切的
方式切成4等分，再切成厚1
公分的厚片。白蘿蔔切成3公
分的大丁。青、紅辣椒斜切
成圈。

3

取一個小碗，放入步驟①的
蔬菜高湯（1/4杯），再倒入
所有調味料，拌勻製成調味
高湯。

4

取一個大碗，放入蕨菜、湯用
醬油和蘇子油，拌勻。

5

在熱鍋中放入步驟④拌好的
蕨菜，以大火拌炒1分鐘後加
入白蘿蔔、馬鈴薯，再拌炒1
分鐘。

6

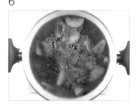

倒入剩下的蔬菜高湯（4又3/4
杯）和步驟③的調味高湯，以
大火煮沸後續煮6分鐘，放入
櫛瓜和青、紅辣椒，煮2分鐘
後熄火即完成。

＊蕨菜乾的處理方法
　蕨菜乾（20公克）以冷
水洗淨後放入鍋中，再
倒入水（3又1/2杯），
以大火煮沸後轉小火煮
20至30分鐘，撈出蕨菜
以水清洗2至3次，直至
水清，再以冷水浸泡6
至12小時，去除蕨菜乾
特有的味道。摘掉較粗
硬的部分後擠乾水分。

想要吃辣味的食物時，就作這一道燉蘿蔔吧！
蔬菜高湯和豆漿會讓辣味中帶有濃醇的香味。
白蘿蔔含有豐富的膳食纖維、澱粉酶，
以及多種消化酵素，可幫助消化。

燉
蘿
蔔

料理時間：35至40分鐘	□ 青辣椒1/2根	蔬菜高湯
食材：2人份	□ 紅辣椒1/2根	（完成量5杯，1公升）
一人份熱量：202大卡	□ 辣椒粉1又1/2大匙	□ 水6杯（1.2公升）
□ 白蘿蔔直徑10公分×厚5公	□ 炒鹽（或竹鹽）1小匙	□ 乾香菇3朵
分，1塊（500公克）	□ 蘇子油1大匙	□ 海帶5×5公分，2張
□ 浸泡過的黃豆（浸泡6小	□ 辣椒醬2大匙	
時）1/2杯（70公克）		

1

將蔬菜高湯的製作材料放入鍋中，以大火煮沸後取出海帶，轉小火煮10分鐘，熄火後撈出香菇。

2

泡過的黃豆和步驟①的蔬菜高湯（1杯）放入食物調理機中，攪打後過篩，製成豆漿。

3

白蘿蔔削皮後切成厚1.5公分、邊長4公分的方塊。取用步驟①撈出的2朵香菇，擠乾水分後切除菌柄，切成厚0.5公分的薄片。青、紅辣椒斜切成圈。

4

取一個大碗，放入白蘿蔔、辣椒粉、炒鹽，拌勻，醃5分鐘。

5

在熱鍋中倒入蘇子油、香菇、步驟④醃好的白蘿蔔，以中火拌炒1分鐘。

6

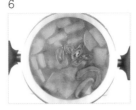

倒入剩下的蔬菜高湯（4杯）和辣椒醬，以大火煮沸後續煮10分鐘，倒入步驟②的豆漿，以中火煮4分鐘，最後加入青、紅辣椒，續煮1分鐘後熄火即完成。

＊利用市售豆漿

如果無法自己打豆漿，可利用市售的豆漿（1杯）代替。使用市售豆漿時，要把蔬菜高湯的分量減少1杯（完成量4杯），省略步驟②，在步驟⑥加入1杯市售豆漿即可。為了呈現出燉蘿蔔最佳的味道，請選擇100%無添加的豆漿。

辣椒醬中放入大塊的櫛瓜和馬鈴薯，
燉煮的時間會比其他的燉菜久一些，味道也會因此更加濃郁。
食材容易取得，不需要肉就可作出非常好吃的辣椒醬燉櫛瓜，
符合全家大小的口味。

辣椒醬燉櫛瓜

料理時間：35至40分鐘
食材：2人份
一人份熱量：256大卡

□ 櫛瓜1條（280公克）
□ 馬鈴薯1又1/2顆（300公克）
□ 白蘿蔔直徑10公分×厚0.8
　公分，1片（80公克）

□ 青辣椒1/2根
□ 紅辣椒1/2根（可省略）
□ 蘇子油1大匙
□ 韓式湯用醬油1大匙
□ 辣椒粉1小匙

調味料
□ 辣椒醬3大匙

□ 大醬1大匙
□ 辣椒粉1/2小匙

**蔬菜高湯
（完成量5杯，1公升）**
□ 水6杯（1.2公升）
□ 乾香菇3朵
□ 海帶5×5公分，2張

1

將蔬菜高湯的製作材料放入鍋中，以大火煮沸後取出海帶，轉小火煮10分鐘，熄火後撈出香菇。

2

櫛瓜切成長5公分的大段，各段再切成4等分。馬鈴薯對切成兩半，每一半切成6等分。白蘿蔔切成3公分的大丁。

3

取用步驟①撈出的2朵香菇，擠乾水分後切掉菌柄，切成厚0.5公分的薄片。青、紅辣椒斜切成圈。

4

取一個大碗，倒入步驟①的蔬菜高湯（5杯）和所有調味料，拌勻。

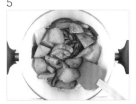

5

在熱鍋中放入蘇子油、馬鈴薯、白蘿蔔、香菇、湯用醬油、辣椒粉，以中火拌炒2分30秒。

6

倒入步驟④調味的高湯，以大火煮沸後放入櫛瓜，煮8分鐘，最後加入青、紅辣椒煮1分鐘，熄火即完成。

每天吃也不會膩的大醬湯是韓國的家常發酵料理，
會讓人想起故鄉和媽媽。如果以洗米水代替蔬菜高湯，
可讓大醬湯更加香醇，味道也會更加柔和，可依照個人喜好選擇。

大醬湯

		蔬菜高湯
料理時間：25至30分鐘	0.8公分，1片（80公克）	（完成量4杯，800毫升）
食材：2人份	□ 馬鈴薯1/2顆（100公克）	□ 水5杯（1公升）
一人份熱量：185大卡	□ 櫛瓜1/3條（90公克）	□ 乾香菇3朵
□ 豆腐（大盒嫩豆腐）1/2	□ 青辣椒1根	□ 海帶5×5公分，2張
盒（150公克）	□ 紅辣椒1/2根（可省略）	
□ 香菇2朵（50公克）	□ 大醬3又1/2大匙	
□ 白蘿蔔直徑10公分×厚	□ 辣椒粉1/2小匙	

1

將蔬菜高湯的製作材料放入鍋中，以大火煮沸後取出海帶，轉小火煮10分鐘，熄火後撈出香菇。

2

豆腐切成1公分的小丁。香菇切除菌柄，切成2公分的大丁。

3

馬鈴薯、櫛瓜、白蘿蔔皆以十字切的方式切成4等分，再切成厚0.5公分的薄片。青、紅辣椒斜切成圈。

4
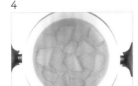
在鍋中倒入步驟①的蔬菜高湯（4杯），以大火煮沸後加入馬鈴薯、白蘿蔔，續煮4分鐘。

5
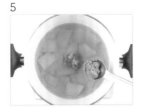
鍋中繼續加入大醬和櫛瓜，以大火煮1分鐘。

6

鍋中繼續加入豆腐、香菇、青辣椒、紅辣椒、辣椒粉，以中火煮3分鐘後熄火即完成。
★鹹度不夠時可再適量加入大醬。

＊製作煮湯及燉菜用的
洗米水
以冷水洗米，徒手畫圈洗淨後快速把水倒掉。再次加入新的冷水，徒手洗米一次，這次的洗米水就可在煮湯或燉菜時使用。

牛蒡湯

牛蒡有獨特的香味和清脆的口感，富含膳食纖維和抗酸化物質，有助於促進腸胃健康、預防便祕、抗癌。
湯品中加入了大量的牛蒡，很適合作為保健料理。

料理時間：30至40分鐘
食材：2人份
一人份熱量：316大卡

□ 牛蒡直徑2公分×長10公分，
　10段（250公克）
□ 豆腐（大盒板豆腐）
　1/2盒（150公克）

□ 鹽（醃漬豆腐用）少許
□ 白蘿蔔直徑10公分×厚
　0.5公分，1片（50公克）
□ 櫛瓜1/4條（70公克）
□ 青辣椒1/2根
□ 食用油1大匙
□ 韓式湯用醬油1/2大匙

□ 蘇子油1大匙
□ 蘇子粉3大匙

蔬菜高湯
（完成量5杯，1公升）
□ 水6杯（1.2公升）
□ 乾香菇3朵
□ 海帶5×5公分，2張

1

將蔬菜高湯的製作材料放入鍋中，以大火煮沸後取出海帶，轉小火煮10分鐘，熄火後撈出香菇。

2

牛蒡以刀背去皮，放入醋水（水2杯＋醋1小匙）浸泡5分鐘後瀝乾水分。

3

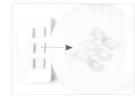

豆腐切成1×2×3公分的方塊，兩面撒鹽後置於廚房紙巾上，醃漬10分鐘。在熱鍋中倒入食用油後放入豆腐，以中火兩面各煎2分30秒，煎至兩面金黃即熄火盛出。

4

白蘿蔔切成厚1公分、邊長2公分的方塊。櫛瓜以十字切的方式切成4等分，再切成厚1公分的厚片。取用步驟①撈出的3朵香菇，擠乾水分後切除菌柄，切成4等分。青辣椒切圈，牛蒡斜切成厚0.5公分的薄片。

5

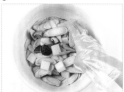

取一個大碗，放入牛蒡、白蘿蔔、香菇、湯用醬油，拌勻後靜置5分鐘。

6

在熱鍋中倒入蘇子油和步驟⑤拌好的食材，以大火拌炒3分鐘。

7

倒入蘇子粉和步驟①的蔬菜高湯（5杯），以大火煮沸後續滾3分鐘，加入櫛瓜、豆腐、青辣椒煮2分鐘，撈去浮渣，熄火即完成。

加入了豆渣，湯品的味道更加濃郁，而加入了辣椒粉和泡菜，
則增加了辣味。黃豆攪打後所產生的豆渣，放入湯中，
湯底的香味與營養瞬間升級。黃豆所含的膳食纖維有助於促進消化，
食用之後能夠幫助身體保持清爽，維持內心平和。

豆渣湯

料理時間：25至30分鐘
（＋黃豆浸泡6小時）
食材：2人份
一人份熱量：324大卡
□ 黃豆2杯（280公克）
□ 白菜泡菜1杯（150公克）
□ 青辣椒1/2根

□ 紅辣椒1/2根
□ 蘇子油1大匙
□ 泡菜汁3大匙
□ 辣椒粉1/2大匙
□ 炒鹽（或竹鹽）1小匙
　（可依據個人喜好調整）

蔬菜高湯
（完成量4杯，800毫升）
□ 水5杯（1公升）
□ 乾香菇2朵
□ 海帶5×5公分，1張

1

黃豆洗淨，以水（5杯）充分
浸泡6小時後瀝乾水分。

2

將蔬菜高湯的製作材料放入
鍋中，以大火煮沸後取出海
帶，轉小火煮10分鐘，熄火
後撈出香菇。

3

泡好的黃豆和步驟②的蔬菜
高湯（1杯）放入食物調理機
中，攪打後過篩，取豆渣備
用。

4

白菜泡菜稍微抖掉醬料後，
切成邊長2公分的大片。青、
紅辣椒斜切成圈。

5

在熱鍋中倒入蘇子油和白菜
泡菜，以中火拌炒2分鐘。

6

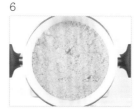

放入剩下的蔬菜高湯（3
杯）、步驟③的豆渣、泡菜
汁、青辣椒、紅辣椒，以大火
煮沸後轉小火，一邊攪拌一
邊續煮2分鐘，加入辣椒粉、
炒鹽再煮2分鐘，熄火即完
成。

＊利用市售的豆渣
　無法自己製作豆渣時可
利用市售的豆渣（300公
克），省略步驟①、③，
在步驟⑥加入市售豆渣即
可。

清國醬是韓國的傳統臭豆醬，對喜歡這股「香味」的人而言，
這絕對是又香又辣又下飯的美味好食材。清國醬是發酵食品，
如果熬煮過久會殺死發酵菌，進而影響味道，
所以只要在熄火之前加入鍋中，稍微煮一下即可。
如果以洗米水代替蔬菜高湯，可增添料理的香氣。

★ 洗米水的製作方法請見P.269。

泡菜清國醬湯

料理時間：25至30分鐘
食材：2人份
一人份熱量：238大卡

□ 白蘿蔔直徑10公分×厚0.5
公分，1片（50公克）
□ 櫛瓜1/3條（70公克）

□ 青辣椒1/2根（可省略）
□ 紅辣椒1/2根（可省略）
□ 豆腐（小盒嫩豆腐）1/2盒
（100公克）
□ 香菇2朵（50公克）
□ 白菜泡菜2/3杯（100公克）

□ 蘇子油1大匙
□ 清國醬8大匙（120公克）

蔬菜高湯
（完成量3杯，600毫升）
□ 水4杯（800毫升）
□ 乾香菇2朵
□ 海帶5×5公分，1張

1

將蔬菜高湯的製作材料放入
鍋中，以大火煮沸後取出海
帶，轉小火煮10分鐘，熄火
後撈出香菇。

2

白蘿蔔先切成厚0.5公分的薄
片，再切成1公分的大丁。櫛
瓜切成厚0.5公分的薄片，每
一片再切成4等分。青、紅辣
椒斜切成圈。

3

豆腐切成1公分的大丁。香菇
切除菌柄後，切成1公分的大
丁。泡菜抖掉醬料後，切成邊
長1公分的小片。

4

在熱鍋中放入蘇子油、白蘿
蔔、白菜泡菜，以中火拌炒2
分鐘。

5

倒入步驟①的蔬菜高湯（3
杯），以大火煮沸，放入櫛
瓜、豆腐、香菇，續煮2分
鐘。

6

最後加入清國醬、青辣椒、
紅辣椒，煮1分鐘後熄火即完
成。

蔬菜醬湯

這道蔬菜醬湯中有著滿滿的蔬菜和鮮菇，比起濃郁的牛肉醬湯，
味道清淡香甜。醬湯也可作為麵疙瘩的湯底喔！

蔬菜醬湯

料理時間：30至35分鐘
食材：2人份
一人份熱量：124大卡

□ 芋梗（芋頭莖）80公克
□ 香菇2朵（50公克）
□ 秀珍菇1把（50公克）
□ 白蘿蔔直徑10公分×
　厚1公分，1片（100公克）

□ 水芹25根（50公克）
□ 煮過的蕨菜乾50公克
　★蕨菜乾的處理方法請見
　P.20
□ 綠豆芽1把（50公克）
□ 辣椒粉2大匙
□ 韓式湯用醬油1又1/2大匙
□ 蘇子油1大匙

□ 炒鹽（或竹鹽）1/2小匙
　（可依據個人喜好調整）
□ 胡椒粉少許
蔬菜高湯
（完成量6杯，1.2公升）
□ 水7杯（1.4公升）
□ 乾香菇3朵
□ 海帶5×5公分，3張

1

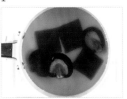

將蔬菜高湯的製作材料放入
鍋中，以大火煮沸後取出海
帶，轉小火煮10分鐘，熄火
後撈出香菇。

2

在鍋中倒入洗米水（3杯）和
少許鹽，煮沸後放入芋梗，燙
1分鐘後撈出，泡水冷卻後瀝
乾水分。★洗米水的製作請見
P.269。

3

香菇和秀珍菇皆切除菌柄，
香菇切成厚0.5公分的薄片，
秀珍菇一枝一枝撕開。白蘿蔔
切成3公分的大丁。水芹、蕨
菜和芋梗都切成長5公分的大
段。綠豆芽洗淨後瀝乾水分。

4

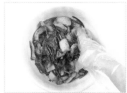

取一個大碗，放入白蘿蔔、芋
梗、蕨菜、香菇、秀珍菇、辣
椒粉、湯用醬油，拌勻。

5

在熱鍋中放入蘇子油和步驟
④拌好的蔬菜，以中火拌炒2
分鐘。

6

倒入步驟①的蔬菜高湯（6
杯），以大火煮沸後繼續煮6
分鐘，加入炒鹽、胡椒粉續煮
2分鐘，最後加入水芹、綠豆
芽，煮1分鐘後熄火即完成。

* 加入麵疙瘩
　準備麵粉1杯、冷水1/3
　杯（75毫升）、鹽1/4小
　匙，放入大碗中揉成麵團
　後，放入保鮮袋，置於冷
　藏室發酵15分鐘。取出
　後捏成一口大小的麵疙
　瘩，在步驟⑥加入蔬菜醬
　湯中煮熟即可食用。

蘇子鮮菇湯

蘇子鮮菇湯同時具有蘇子的香味，以及鮮菇的營養。
蘇子含有植物性脂肪，有助於預防血管老化，也含有不飽和脂肪酸，
能夠幫助預防成人病。蓬萊米粉調合的米粉水可調節湯品的濃度，
請注意蓬萊米粉的用量，避免用量過多造成湯品過度黏稠。

蘇子鮮菇湯

料理時間：25至30分鐘
食材：2人份
一人份熱量：356大卡

☐ 香菇3朵（75公克）
☐ 杏鮑菇1個（80公克）
☐ 珍珠菇1又1/2把（80公克）

☐ 乾黑木耳3朵
　（3公克，泡發後30公克）
☐ 蓬萊米粉3大匙
☐ 蘇子（或蘇子粉）1杯
　（100公克）
☐ 蘇子油1大匙

☐ 韓式湯用醬油2大匙
蔬菜高湯
（完成量6杯，1.2公升）
☐ 水7杯（1.4公升）
☐ 乾香菇3朵
☐ 海帶5×5公分，3張

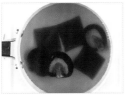

1
將蔬菜高湯的製作材料放入鍋中，以大火煮沸後取出海帶，轉小火煮10分鐘，熄火後撈出香菇。

2
香菇去除菌柄後切成厚0.5公分的薄片，杏鮑菇先切成4等分再切成厚0.5公分的薄片，珍珠菇一枝一枝撕開。乾黑木耳以溫水浸泡20分鐘，泡開後撕成一口大小。

3
將蓬萊米粉和步驟①的蔬菜高湯（1/4杯）倒入碗中，混合均勻製成米粉水。蘇子洗淨後瀝乾水分，和步驟①的蔬菜高湯（2杯）一起放入食物調理機，攪打成蘇子水。

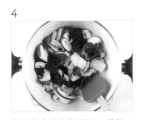

4
在熱鍋中放入蘇子油、香菇、杏鮑菇、珍珠菇、黑木耳，以大火拌炒1分鐘。

5
倒入步驟③的蘇子水和剩下的蔬菜高湯（2又3/4杯），以大火煮沸後續煮1分鐘，加入湯用醬油，續煮2分鐘。

6
最後加入米粉水，一邊攪拌一邊煮1分鐘，撈掉浮渣，熄火即完成。

＊ 蘇子和蘇子粉
　帶殼的蘇子打碎後加入湯中，會讓湯的味道更香、更濃郁。蘇子粉是蘇子炒過後研磨而成的粉末，如果沒有蘇子可使用蘇子粉代替，但風味稍微遜色。蘇子和蘇子粉可裝入密閉容器中，置於陽光無法直射的陰涼處或冷凍保存。

蔬菜鍋巴湯香醇且清淡，如果加入當季的蔬菜，
還能夠品嘗到新鮮的味道。鍋巴煮太久容易過度軟化，
請注意不要煮太久。如果想要維持鍋巴脆脆的口感，
可先把湯煮好後再配著吃。

蔬菜鍋巴湯

料理時間：25至30分鐘
食材：2人份
一人份熱量：215大卡

☐ 鍋巴100公克
☐ 櫛瓜1/14條（20公克）
☐ 馬鈴薯1/6顆（30公克）

☐ 香菇1朵（25公克）
☐ 青辣椒1/2根（可省略）
☐ 紅辣椒1/2根（可省略）
☐ 炒鹽（或竹鹽）1/2小匙
　（可依據個人喜好調整）

蔬菜高湯
（完成量5杯，1公升）
☐ 水6杯（1.2公升）
☐ 乾香菇3朵
☐ 海帶5×5公分，2張

1

將蔬菜高湯的製作材料放入鍋中，以大火煮沸後取出海帶，轉小火煮10分鐘，熄火後撈出香菇。

2

櫛瓜縱向對切後，再切成厚0.5公分的薄片。馬鈴薯削皮後，以十字切的方式分成4等分，再切成厚0.5公分的薄片。

3

香菇切掉菌柄，切成厚0.5公分的薄片。青、紅辣椒斜切成圈。

4

將鍋巴掰成一口大小。

5

在鍋中倒入蔬菜高湯（5杯），以大火煮沸後放入馬鈴薯，轉中火煮2分鐘。

6

放入鍋巴煮1分鐘，放入櫛瓜、香菇續煮2分鐘，放入青、紅辣椒續煮1分鐘，最後放入炒鹽拌勻，熄火即完成。

＊製作鍋巴

可利用煎鍋來製作鍋巴。鍋子加熱後，倒入200公克的米飯（也可使用糯米飯），再倒入2大匙的水，以鍋鏟翻炒均勻後，鍋鏟的背面蘸水，將米飯壓成厚0.7公分的大餅，兩面皆以小火烘烤13分鐘，熄火後取出，即製成鍋巴。鍋巴放涼之後，如果沒有需要立即食用，可放入保鮮袋，置於冷藏室保存。

韓國宮廷有一種代表性料理名為「神仙爐」，
以前只有王公貴族才有機會品嘗，
而這道豆腐鍋則是現代家常版的神仙爐，加入了許多不同的食材，
共譜出和諧的美味圓舞曲。

豆腐鍋

料理時間：40至45分鐘
食材：3至4人份
一人份熱量：331大卡

- □ 豆腐（大盒板豆腐）1盒
  （300公克）
- □ 鹽少許（醃豆腐用）
- □ 菠菜1把（50公克）
- □ 山茼蒿1/2把（20公克）
- □ 浸泡過的韓國粉絲（浸泡
  30分鐘）1/2把（50公克）

- □ 香菇2朵（50公克）
- □ 杏鮑菇1/2個（40公克）
- □ 珍珠菇2把（100公克）
- □ 白蘿蔔直徑10公分×厚0.5
  公分，1片（50公克）
- □ 胡蘿蔔1/10根（20公克）
- □ 青、紅辣椒少許（可省略）
- □ 麵粉2大匙
- □ 煎餅用油（食用油1大匙＋
  蘇子油1小匙）

- □ 蘇子油1/2大匙
  （炒白蘿蔔用）
- □ 韓式湯用醬油1大匙
- □ 炒鹽（或竹鹽）1小匙
  （可依據個人喜好調整）

蔬菜高湯
（完成量5杯，1公升）
- □ 水6杯（1.2公升）
- □ 乾香菇3朵
- □ 海帶5×5公分，2張

1

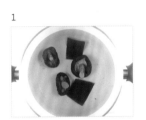

將蔬菜高湯的製作材料放入鍋中，以大火煮沸後取出海帶，轉小火煮10分鐘，熄火後撈出香菇。

2

豆腐切成3×5×1.5公分的大小，兩面抹鹽置於廚房紙巾上，醃漬10分鐘。菠菜和山茼蒿洗淨後瀝乾水分。浸泡過的韓國粉絲切成長15公分的大段。

3

三種菇類都切掉根部。香菇去除菌柄後切厚0.5公分的薄片，杏鮑菇切成4等分後，切成厚0.5公分的薄片。珍珠菇一枝一枝撕開。

4

白蘿蔔先切成厚0.5公分的薄片，再切成4公分的大丁。胡蘿蔔切成厚0.5公分的薄片，再切絲。青、紅辣椒斜切成圈。

5

將豆腐和麵粉放入保鮮袋中，豆腐均勻裹上麵粉。在熱鍋中倒入煎餅用油，放入豆腐，兩面皆以中火煎2分30秒至呈金黃色，熄火盛出。

6

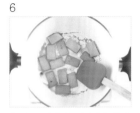

在有深度的鍋中倒入蘇子油、白蘿蔔、湯用醬油，以大火拌炒1分鐘。

7

倒入蔬菜高湯（5杯），以大火煮沸2分鐘，加入豆腐煮1分鐘，加入胡蘿蔔、香菇、杏鮑菇、珍珠菇、青辣椒、紅辣椒、韓國粉絲、菠菜、炒鹽，煮1分鐘後熄火，最後加入山茼蒿即完成。

一天然好味的

元氣點心

蔬菜、水果、堅果、根莖類蔬菜等天然食材，
適當地食用對健康非常有幫助。
將食材切成小塊，作成飯後甜點、飲品、糕點、包子等點心，
可口又美觀，很適合全家大小一起品嘗。

烤果乾④
炸蘇子葉①・馬鈴薯②・海帶③

286

油炸料理的作法是將蔬菜裹上糯米糊後油炸，
又香又脆，且味道清淡，對身體不會造成負擔。
將蔬菜切成薄片後作成的油炸料理，
很適合給孩子們當作零食或飯後點心。

炸蘇子葉・馬鈴薯・海帶

料理時間：約10小時
（＋馬鈴薯乾燥1至2天）
食材：2人份
一人份熱量：208大卡

☐ 馬鈴薯1顆（200公克）
☐ 蘇子葉10片（20公克）

☐ 海帶5×5公分，10張
☐ 糯米2大匙
　（裝飾用，可省略）
☐ 食用油3杯（600毫升）
☐ 炒鹽（或竹鹽）少許

糯米糊
☐ 糯米粉1/4杯
☐ 水1/2杯（100毫升）
☐ 鹽1/4小匙

1

馬鈴薯削皮後切成厚0.5公分的薄片，以冷水浸泡1小時，去除表面的澱粉。蘇子葉在流水下洗淨後瀝乾。海帶以濕布擦淨表面。

2

糯米洗淨後，以水（1杯）浸泡30分鐘。在熱氣蒸騰的蒸鍋中鋪上棉布，放入糯米，蓋上鍋蓋，蒸15分鐘後熄火。
★糯米用於裝飾炸海帶，可省略。

3

在鍋中倒入糯米粉和水（1/2杯），拌勻，以大火煮1分鐘，一邊煮一邊攪拌以避免黏鍋，煮到像優格的濃稠程度後熄火，加鹽調味。

4

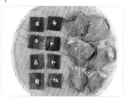

海帶上放一些步驟③的糯米糊，再放上一些步驟②的糯米。蘇子葉的正面塗上糯米糊。將海帶和蘇子葉放在竹篩上，靜置於陽光充足處6至8小時。

5

在煮沸的鹽水（水6杯＋鹽1小匙）中放入馬鈴薯，煮2分鐘後撈出，放在竹篩上，靜置於陽光充足處1至2日曬乾。

6

在鍋中倒入食用油，加熱至180℃（放入糯米會馬上浮起來的程度），放入馬鈴薯、蘇子葉、海帶，分別油炸10秒後撈起，置於廚房紙巾上吸油後即完成。食用時，可在炸好的馬鈴薯上撒一些炒鹽調味。

＊**請注意！**
　馬鈴薯在鹽水中稍微煮一下再曬乾，可防止褐變。馬鈴薯徹底曬乾後再油炸，口感會比較好。

烤果乾

將水果切片後，兩面皆塗上糖漿，以低溫烘乾，甜甜的味道中帶有水果的香氣，同時還帶著脆脆的口感。這道點心不但適合作為飯後甜點，也非常適合作為蛋糕和其他料理的裝飾食材。

料理時間：25至30分鐘
（＋烘烤3小時）
食材：2至3人份
一人份熱量：335大卡
□ 蘋果1顆（200公克）

□ 柳丁1顆（300公克）
□ 奇異果1顆（100公克）
糖漿
□ 砂糖10大匙
□ 水10大匙

1

在鍋中倒入糖漿的製作材料，以大火煮沸後續煮2分鐘，糖完全融化後熄火靜置。★煮糖漿時不要攪拌，避免結塊。

2

奇異果削皮後切成厚0.3公分的薄片。蘋果和柳丁洗淨後切成厚0.3公分的薄片。★將步驟⑤的烤箱預熱至75℃。

3

使用料理刷子，將水果片的上下面皆刷上糖漿。

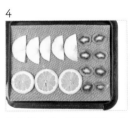

4

在烤盤上鋪一張矽膠墊，放上塗好糖漿的水果片。★矽膠墊可在烘焙用品專賣店購得，清洗後可重複使用。

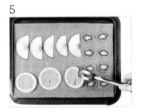

5

將烤盤置於已預熱至75℃的烤箱中間層，烘烤1小時30分鐘後翻面再烤1小時30分鐘，取出即可食用。

＊**使用各種不同的水果**

草莓、金桔、梨子等水果都能作成果乾，只要將水果洗淨後切成厚0.3公分的薄片，塗上糖漿，放進烤箱烘乾即可。

＊**果乾的保存方法**

將果乾放入鋪好廚房紙巾的密閉容器內，在室溫下可保存1週。

①
②
③
④
⑤

南瓜丸子 ● 胡蘿蔔丸子 ● 栗卵糕

這是一款相當討喜的小點心。南瓜和胡蘿蔔蒸熟後壓成泥，
以糖調味後作成可愛的迷你造型，外型和口味兼備。

南瓜丸子
料理時間：30至35分鐘
食材：2人份
一人份熱量：125大卡
□ 南瓜1/3顆（300公克）
□ 砂糖1大匙
□ 果糖1小匙

□ 炒鹽（或竹鹽）少許
□ 葵花籽少許（裝飾用）
□ 薄荷葉少許（裝飾用）
胡蘿蔔丸子
料理時間：30至35分鐘
食材：2人份
一人份熱量：77大卡

□ 胡蘿蔔1又1/2根（300公克）
□ 砂糖1大匙
□ 果糖1小匙
□ 炒鹽（或竹鹽）少許
□ 荷蘭芹少許（裝飾用）

1
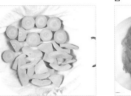

南瓜去皮去籽後切成厚2公分的厚片。胡蘿蔔削皮後切成厚1.5公分的厚片。在熱氣蒸騰的蒸鍋中鋪上棉布，放入南瓜，蓋上鍋蓋，以大火蒸10分鐘後取出。胡蘿蔔則是蒸15分鐘。

2

蒸熟的南瓜壓成泥，加入砂糖、果糖和炒鹽拌勻。在熱鍋中放入南瓜泥，以中火拌炒5至8分鐘，讓南瓜泥更加細膩。胡蘿蔔也以同樣的方法處理。

3

將南瓜泥分成10等分，每一等分搓成直徑1.5公分的圓球，以竹籤在圓球表面壓出6道凹痕，作成南瓜形狀，放上葵花籽和薄荷葉裝飾。胡蘿蔔泥也分成10等分，每一等分都揉成胡蘿蔔的形狀，以荷蘭芹裝飾。所有成品擺盤即完成。

栗卵糕是韓國的家常點心，香甜的栗子壓成栗子泥之後，
捏成栗子的模樣，最後蘸一些肉桂粉。
肉桂沉穩的香氣和栗子的味道非常對口。

料理時間：35至40分鐘
食材：2人份
一人份熱量：105大卡

□ 栗子仁10顆（100公克）
□ 蜂蜜1大匙
□ 炒鹽（或竹鹽）少許
□ 肉桂粉1小匙

1

在熱氣蒸騰的蒸鍋中鋪上棉布，放入栗子仁，蓋上鍋蓋，以大火蒸25分鐘後熄火取出。

2

蒸熟的栗子仁趁熱壓成泥，加入蜂蜜和炒鹽拌勻，揉成一團。

3

將栗子團分成10等分，每一等分皆捏揉成栗子的模樣，圓底蘸一些肉桂粉作裝飾即完成。

酸酸甜甜的奇異果加上寒天，就可製成奇異果羊羹。
如果沒有模具，可使用方形的平盤，先作成一大片羊羹，
待凝固切成一口大小即可。

料理時間：20至25分鐘 （＋羊羹凝固20分鐘） 食材：3至4人份 一人份熱量：153大卡	□ 奇異果3顆（300公克） □ 紅豆泥6又1/2大匙 　（100公克） □ 寒天粉1大匙（5公克）	□ 水1/2杯（100毫升） □ 砂糖1/2杯（75公克） □ 炒鹽（或竹鹽）少許

1

將寒天粉和水（1/2杯）放入碗中攪拌均勻，靜置10分鐘。奇異果削皮後以食物調理機打碎。

2

在鍋中放入奇異果、寒天水、砂糖、炒鹽攪拌均勻，以小火一邊攪拌一邊熬煮5分鐘，加入紅豆泥煮8分鐘。

3

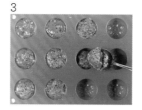

將模具清洗乾淨，在模具還保有一些水氣的狀態下，倒入步驟②煮好的原料，置於冷藏室20分鐘使之凝固，取出後脫模即完成。

香甜的栗子非常受孩子們的喜愛。為了防止栗子仁燒焦，
請先將栗子仁炸至呈金黃色，再快速地裹上糖漿。

料理時間：20至25分鐘 食材：2人份 一人份熱量：229大卡	□ 栗子仁10顆（100公克） □ 食用油2杯（400毫升）	**糖漿** □ 黃砂糖3大匙 □ 水3大匙 □ 果糖2大匙

1

栗子仁以水浸泡10分鐘，去除表面的澱粉後，以廚房紙巾擦乾水分。

2

在鍋中倒入食用油，加熱至180℃（放入栗子仁會產生很多氣泡的程度），放入栗子仁油炸2分20秒至3分鐘，炸至表面金黃後撈出瀝油。

3

在平底鍋中倒入糖漿的製作材料，以大火煮至冒泡後再煮30秒，放入栗子仁，以中火快速拌炒30秒，熄火盛盤，放涼即完成。

核桃裹上糖漿後再油炸，
很適合當作全家大小的零嘴。
在糖漿中加入1/2小匙的生薑汁，味道會更加爽口。

料理時間：25至30分鐘	□ 水1/2杯（100毫升）
食材：2至3人份	□ 果糖1/2杯
一人份熱量：419大卡	□ 食用油2杯（400毫升）
□ 核桃1杯（70公克）	
□ 砂糖1/2杯	

核桃菓子

1

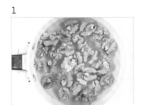

核桃洗淨後放入滾水（3杯）中煮5分鐘，熄火撈出瀝乾水分。

2

在鍋中倒入砂糖、水（1/2杯）、果糖，以中火煮至砂糖融化，過程中不要攪拌以免結塊，倒入核桃，以小火煮3分鐘後熄火撈出，瀝去多餘的糖漿。

3

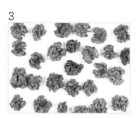

在鍋中倒入食用油，加熱至180℃（放入核桃會產生很多氣泡的程度），放入核桃油炸2分20秒至3分鐘，炸至表面呈金黃色即可撈出瀝油，盛盤放涼即完成。

吃一片芝麻菓子，滿口都是芝麻的香氣，很適合作為老人家的零嘴。
請在芝麻菓子完全冷卻之前切開，成品才不會容易碎裂。

料理時間：25至30分鐘	□ 紅棗1顆（可省略）	□ 砂糖2大匙
食材：2至3人份	□ 松子1/2大匙（可省略）	□ 水1大匙
一人份熱量：334大卡	□ 葵花籽（或其他堅果）1大匙	□ 蜂蜜（或果糖）3大匙
□ 白芝麻1又1/2杯（120公克）		□ 炒鹽（或竹鹽）少許

芝麻菓子

1

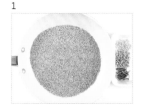

紅棗去籽後，果肉切成厚0.5公分的薄片。在熱鍋中倒入松子和葵花籽，以中小火拌炒1分鐘後盛出。同一個鍋中倒入白芝麻，以中小火拌炒3分鐘後盛出。

2

在鍋中倒入砂糖、水（1大匙）、蜂蜜、炒鹽，以中火煮1分鐘。砂糖融化後倒入白芝麻，拌炒2分鐘後熄火。

3

在方形的平盤上鋪上保鮮袋，均勻撒上紅棗、松子和葵花籽，倒入步驟②炒好的白芝麻，最後鋪上一層保鮮袋，以手將食材壓平。靜置10分鐘後，切成適合食用的大小即完成。

有嚼勁的糯米糰包入甜甜的紅豆泥，
製成了這一道非常可口的豆沙麻糬。
熱熱吃很好吃，放涼後也別有一番風味。
紅豆泥也可以1大匙的堅果代替，製作出另一種口味的麻糬。

豆沙麻糬

料理時間：25至30分鐘
食材：2人份
一人份熱量：429大卡

☐ 糯米粉1杯（130公克）
☐ 砂糖1又1/2大匙

☐ 炒鹽（或竹鹽）少許
☐ 熱水5又1/2大匙
☐ 紅豆泥4大匙（80公克）
☐ 食用油1大匙
☐ 蜂蜜少許

☐ 葵花籽1大匙
　（裝飾用，可省略）
☐ 紅棗1顆
　（裝飾用，可省略）

1

取一個大碗，放入糯米粉、砂糖、炒鹽，攪拌均勻後慢慢倒入熱水（5又1/2大匙），作成軟軟的糯米糰。★可依據糯米糰的軟硬度調整水量。

2

將紅豆泥分成8等分，搓成一個一個的小圓球。紅棗去籽，果肉切成厚0.5公分的薄片。

3

將步驟①的糯米糰分成8等分，每一等分都製成直徑6公分的圓餅。

4

在熱鍋中倒入食用油，放入步驟③的圓餅，兩面皆以中小火煎2分鐘至呈金黃色，熄火盛出。★如果鍋子不夠大可分兩次煎。

5

步驟④煎好的圓餅上放上一顆紅豆泥，對摺壓緊，翻至背面、塗上蜂蜜，再放上葵花籽和紅棗作為點綴即完成。

＊以四季豆代替紅豆泥

如果沒有紅豆泥，也可使用四季豆代替。準備1罐四季豆罐頭（432公克），將四季豆取出沖洗，徹底瀝乾。將四季豆和砂糖4大匙、鹽少許放入碗中拌勻，再以湯匙壓成泥即可。

＊購買紅豆泥

紅豆泥在大型的超市及烘焙專賣店皆可購得。

＊製作糯米餅皮

可製作糯米餅皮來代替糯米糰。準備糯米粉1杯和水1杯，拌勻後製成糯米糊。在熱鍋中倒入食用油，再倒入糯米糊，以小火煎40秒後翻面再煎30秒，熄火取出，製成圓形餅皮。在盤中撒上砂糖後放上糯米餅皮，接續步驟⑤即完成。

柚香糯米丸

這一道點心很適合和孩子一起製作。
糯米糰中包入了酸酸甜甜的柚子釀，再沾黏一些紅棗、黑芝麻、
黃豆粉等不同的食材，作成了各種口味的糯米糰。放入口中咀嚼，
口中會充滿柚子的香氣，嗅覺、味覺都令人相當舒服。

柚香糯米丸

		糖漿
料理時間：35至40分鐘	□ 柚子釀3大匙	□ 砂糖1/2杯（75公克）
食材：2人份	□ 紅棗6顆	□ 水1/2杯（100毫升）
一人份熱量：399大卡	□ 黑芝麻3大匙	
□ 糯米粉1又1/6杯（150公克）	□ 炒過的黃豆粉（或炒過的	
□ 炒鹽（或竹鹽）少許	五穀粉）3大匙	
□ 熱水8大匙		

1

紅棗去籽，果肉切成細絲。將柚子釀裡的柚子果肉切碎。

2

將糯米粉和炒鹽放入碗中，攪拌均勻，慢慢地倒入熱水（8大匙），作成軟軟的糯米糰。★可依據糯米糰軟硬度調整水量。

3

在鍋中倒入糖漿的製作材料，以大火煮沸，邊緣起泡後再煮1分30秒即熄火。

4

將步驟②的糯米糰分成9等分（每一等分約20公克），每一等分皆揉成圓球，以手指壓扁圓球的中心，包入1小匙的柚子釀，重新揉成漂亮的圓球。★製作時為了防止糯米糰變乾，請以濕棉布蓋上糯米糰。

5

以大火將水（5杯）煮沸，放入步驟④揉好的糯米圓球，圓球浮起來後再煮1分鐘即撈出瀝乾。瀝乾的糯米圓球裹上步驟③的糖漿，並瀝去多餘的糖漿。

6

糯米圓球分別裹上黑芝麻、紅棗絲和黃豆粉，製成一個個美味的糯米丸，擺盤即完成。

＊製作五顏六色的糯米丸
製作糯米糰時可加入泡五味子或梔子的水（水4大匙＋五味子或梔子4大匙），作出來的糯米糰就會有特殊的味道和顏色。

柿子豆沙包

在麵團裡加入柿子汁，再包入甜甜的豆沙餡，口味非常和諧。
非柿子盛產的季節裡，可使用冷凍的柿子。
請注意麵團的發酵時間不要過長，以免麵團表面粗糙不光滑。

柿子豆沙包

料理時間：50至55分鐘
（＋發酵35分鐘）
食材：8個份
一個熱量：285大卡

□ 柿子（或冷凍柿子）1顆（140公克，打碎過篩後110公克）

□ 市售紅豆泥320公克
□ 高筋麵粉60公克
□ 低筋麵粉240公克
□ 速發乾酵母6公克
□ 砂糖30公克
□ 炒鹽（或竹鹽）4公克

□ 泡打粉5公克
□ 水65毫升
□ 融化的奶油（或食用油）14公克
□ 麵粉1小匙（手粉）

1

柿子去皮後以食物調理機打碎，過篩。紅豆泥分成8等分（每等分40公克），每一等分皆揉成圓球。奶油放進小碗中，以微波爐（700瓦）加熱30秒。

2

取一個大碗，倒入過篩的高筋麵粉、低筋麵粉，加入速發乾酵母、砂糖、炒鹽、泡打粉、水（65毫升）、過篩的柿子，徒手揉2至3分鐘，揉成麵團。

3

在步驟②的碗中倒入融化的奶油，再次揉10至15分鐘直到表面光滑。

＊以四季豆代替紅豆泥

沒有紅豆泥的時候，可改用四季豆製成內餡，製作的方法請見P.295。

4

將揉好的麵團分成8等分（每等分65公克），每一等分皆揉成圓球。在烤盤（或有深度的盤子）上鋪好烘焙紙，均勻撒上1小匙麵粉後放上麵團，蓋上濕棉布，置於室溫下10分鐘，進行第一次發酵。

5

將麵團壓扁後放在手上，包入紅豆泥。

6

將包入紅豆泥的麵團放在鋪好烘焙紙的烤盤上，蓋上濕棉布。取一個比烤盤還大的盤子，注入熱水（3杯），放入烤盤隔水加溫，置於室溫下25分鐘，進行第二次發酵。取一張新的烘焙紙，剪成8張邊長8公分的方形紙片。

7

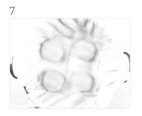

在熱氣蒸騰的蒸鍋中鋪上棉布，放上剪好的方形烘焙紙，1張烘焙紙上放1個發酵好的麵團，蓋上鍋蓋，以大火蒸15分鐘後熄火，即製成包子。★麵團蒸熟後會膨脹，放入時要預留空間，避免蒸好後包子黏在一起。

根莖米糕
豆子米糕

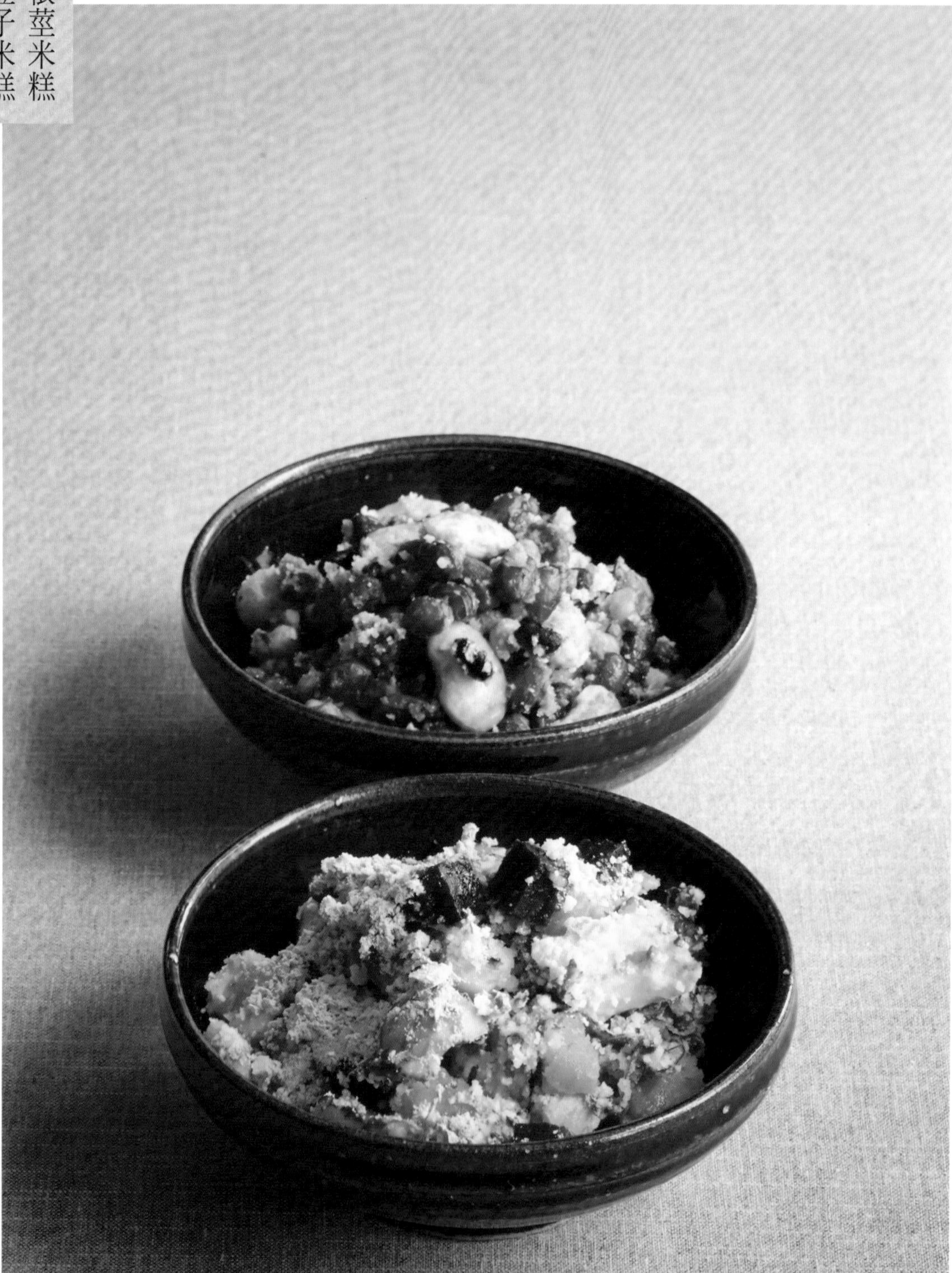

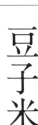

可依據喜好和季節，以各種營養的豆子製成米糕。
建議使用新鮮的豆子。

料理時間：25分鐘
食材：2至3人份
一人份熱量：285大卡

□ 豆子（四季豆、豌豆、
　扁豆、刀豆等）500公克
□ 蓬萊米粉1/2杯（65公克）
□ 糯米粉1/2杯（65公克）

□ 砂糖1大匙
□ 炒鹽（或竹鹽）1/2小匙
□ 水2大匙

1

所有豆子洗淨後瀝乾水分。

2

取一個大碗，倒入蓬萊米粉、
糯米粉、砂糖、炒鹽，拌勻
後倒入水（2大匙），徒手拌
勻，製成米漿，倒入豆子拌
勻。★徒手將米漿拌至糊狀。

3

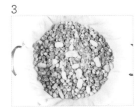

在熱氣蒸騰的蒸鍋中鋪上棉
布，放入步驟②的食材，蓋上
鍋蓋，以大火蒸15分鐘，熄
火取出即完成。

以大量的根莖類蔬菜製成米糕，口感有嚼勁又有飽足感。
可善用冰箱中剩下的蔬菜，但味道較重的食材不要放得太多。

料理時間：30至35分鐘
食材：2至3人份
一人份熱量：444大卡

□ 地瓜1/3個（75公克）
□ 南瓜1/13顆（75公克）

□ 甜菜根1/2個（20公克，可省略）
□ 栗子仁7顆（70公克）
□ 艾草1/2把（30公克）
□ 蓬萊米粉1杯（130公克）
□ 糯米粉1杯（130公克）

□ 砂糖2大匙
□ 炒鹽（或竹鹽）1小匙
□ 水4大匙
□ 炒過的黃豆粉1大匙
　（可省略）

1

地瓜、南瓜、甜菜根去皮後，
與栗子仁一起切成1.5公分的
大丁。艾草摘除較粗的莖枝，
洗淨瀝乾。

2

取一個大碗，倒入蓬萊米粉、
糯米粉、砂糖、炒鹽，拌勻後
加入水（4大匙），徒手拌勻
並防止結塊，製成米漿，放
入地瓜、南瓜、甜菜根、栗子
仁、艾草拌勻。★徒手將米漿
拌至糊狀。

3

在熱氣蒸騰的蒸鍋中鋪上棉
布，放入步驟②拌好的食材，
蓋上鍋蓋，以大火蒸15分
鐘。熄火取出盛盤，均勻撒上
黃豆粉即完成。

糖漬檸檬 ③
南瓜食醢 ②
梨熟水正果 ①

②

①

③

梨熟水正果

梨熟是一種韓國的傳統甜品，水正果是一種茶飲。在水正果中加入
生薑、肉桂，能夠溫暖身體；加入了柿餅，則可幫助預防感冒，
且含有豐富ß-胡蘿蔔素；加入梨子之後，味道和香氣則更上一層樓。

料理時間：60至65分鐘 食材：5至6人份 一人份熱量：177大卡 □ 梨子1/2顆（250公克）	□ 生薑1小塊（50公克） □ 肉桂棒12公分，3段 　（50公克） □ 水15杯（3公升）	□ 黃砂糖1杯（150公克） □ 柿餅5個（可省略）

1

梨子削皮後切成6到8等分。
生薑以湯匙去皮後切片。肉
桂棒以流水洗淨。

2
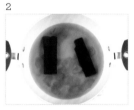

在鍋中放入生薑、肉桂棒、
水（15杯），以中火煮45分
鐘，再加入黃砂糖煮5分鐘
後，撈出生薑和肉桂。

3

在步驟②的鍋子中放入梨
子，以中火煮10分鐘後熄火
放涼。盛到碗中，放入去蒂的
柿餅即完成。

南瓜食醯

「食醯」是韓國傳統的一種甜米露，這裡的作法有所精簡。
南瓜含有豐富的膳食纖維、礦物質、維生素，香甜可口。
食醯中加入了南瓜，非常適合全家一同享用。

料理時間：1小時20分鐘 食材：5至6人份 一人份熱量：111大卡	□ 南瓜1/4顆（250公克） □ 生薑1小塊（30公克） □ 麥芽3/4杯（60公克）	□ 水7又1/2杯（1.5公升） □ 黃砂糖（或黑砂糖） 　2/3杯（100公克）

1

南瓜去皮後切成厚2公分的厚
片。在熱氣蒸騰的蒸鍋中鋪
上棉布，放入南瓜片，蓋上鍋
蓋，以大火蒸15分鐘後取出
壓成泥。生薑以湯匙去皮後
切片。

2

取一個大碗，放入麥芽和水
（7又1/2杯），以手搓揉5分
鐘後將麥芽撈出，碗中的水靜
置20分鐘，等待澱粉沉澱。

3

在鍋中倒入步驟②沉澱後的
水，放入生薑、南瓜泥，以中
火煮30分鐘後加入黃砂糖，
再煮3分鐘後熄火盛出。將南
瓜食醯放入冷藏室冷卻後即
可飲用。

將檸檬的果肉挖出，再將栗子和糖漿放入檸檬皮中，
發酵後作成甜甜的飲品。可冰飲，也可熱熱地喝。
建議將糖漬檸檬發酵15日以上，味道會更加香醇。

糖漬檸檬

料理時間：20至25分鐘
（＋發酵15天）
食材：2至3人份
一人份熱量：666大卡

☐ 檸檬3顆（450公克）
☐ 紅棗7顆
☐ 栗子6顆（60公克）
☐ 砂糖2又1/4杯（450公克）
☐ 水2又1/2杯（500毫升）

1

紅棗去籽，果肉切絲。栗子去
殼後也切成細絲。

2

檸檬表面以小蘇打粉（或
鹽）洗乾淨，放在滾水中燙
30秒後取出，由上而下縱切6
等分，底部請勿切斷，刀子切
到下方時，與底部保留1公分
的距離。★檸檬清洗及消毒
的方法請見P.24。

3

以小刀一瓣一瓣地切除檸檬
果肉，保留果皮的完整性。

4

檸檬的果肉切成一口大小，放
入碗中，和紅棗、栗子拌勻，
製成內餡。

5

在步驟③的檸檬果皮中分次塞
入步驟④拌好的內餡，以料理
用的棉線綁好，避免爆開。

6

取一個儲藏食物的容器，放
入步驟⑤綁好的檸檬，再倒
入砂糖、水（2又1/2杯），蓋
好蓋子，置於冷藏室發酵15
天。食用時，將檸檬切成2等
分，放入碗中，最後淋上容器
中的糖水即可食用。

以簡單蔬食，詮釋美好生活
下廚，就該如此優雅

也許拌一點兒沙拉，
也許以味噌調味，炙烤一塊豆腐……
親手料理，品味手作溫度——
為自己，也為親愛的他人。

簡單操作 × 擺盤示範 × 清淡可口 × 細緻美味

輕鬆作超好吃の日式素料理
陳穎仁◎著
定價：280元
彩色平裝／112頁／17×23 cm

無火輕食 × 鍋煮好食 × 水蒸美食

小廚房的食養計劃：
零油煙の蔬食好味×60
陳穎仁◎著
定價：280元
彩色平裝／112頁／17×23 cm

國家圖書館出版品預行編目 (CIP) 資料

天然食作．擺盤藝術：原味素料理哲學 / 鄭宰
德著；范思敏譯 -- 初版 . -- 新北市：養沛文
化館出版：雅書堂文化發行，2018.04
　　面；　公分 . -- (自然食趣；24)
ISBN 978-986-5665-56-2(精裝)

1. 素食食譜 2. 韓國

427.31　　　　　　　　107003284

自然^食趣 24
天然食作．擺盤藝術
原味素料理哲學

作　　　者／鄭宰德
譯　　　者／范思敏
發　行　人／詹慶和
總　編　輯／蔡麗玲
執行編輯／李宛真
編　　　輯／蔡毓玲・劉蕙寧・黃璟安・陳姿伶・李佳穎
執行美術／陳麗娜
美術編輯／周盈汝・韓欣恬
出　版　者／養沛文化館
發　行　者／雅書堂文化事業有限公司

郵撥帳號／ 18225950
戶　　　名／雅書堂文化事業有限公司
地　　　址／新北市板橋區板新路 206 號 3 樓
電子信箱／ elegant.books@msa.hinet.net
電　　　話／ (02)8952-4078
傳　　　真／ (02)8952-4084

2018 年 4 月初版一刷　定價 680 元

채식이 맛있어지는 우리 집 사찰음식 ⓒ 2013 by Recipe Factory
All rights reserved
First published in Korea in 2013 by Recipe Factory
This translation rights arranged with Recipe Factory
Through Shinwon Agency Co., Seoul and Keio Cultural
Enterprise Co., Ltd.
Traditional Chinese translation rights ⓒ 2018 by Elegant Books
Cultural Enterprise Co., Ltd.

經銷／易可數位行銷股份有限公司
地址／新北市新店區寶橋路 235 巷 6 弄 3 號 5 樓
電話／ (02)8911-0825
傳真／ (02)8911-0801